崔玉涛谈
自然养育
理解生长的奥秘

崔玉涛 著

北京出版集团公司
北京出版社

图书在版编目（CIP）数据

理解生长的奥秘 / 崔玉涛著. — 北京：北京出版社，2015.8
崔玉涛谈自然养育
ISBN 978-7-200-11487-4

Ⅰ. ①理… Ⅱ. ①崔… Ⅲ. ①婴幼儿—哺育 Ⅳ.
①TS976.31

中国版本图书馆CIP数据核字（2015）第166177号

崔玉涛谈自然养育
理解生长的奥秘
LIJIE SHENGZHANG DE AOMI
崔玉涛　著

*
北 京 出 版 集 团 公 司
北 京 出 版 社　出版
（北 京 北 三 环 中 路 6 号）
邮政编码：100120
网　　　址：www.bph.com.cn
北 京 出 版 集 团 公 司 总 发 行
新 华 书 店 经 销
北 京 华 联 印 刷 有 限 公 司 印 刷
*

720毫米×1000毫米　16开本　8印张　80千字
2015年8月第1版　2017年9月第5次印刷
ISBN 978-7-200-11487-4
定价：32.00元
质量监督电话：010-58572393

序言

从医近30年，坚持医学科普宣教也有16个年头了。回想起这些年的临床工作和科普宣教，发现家长对孩子的养育不仅是越来越重视，而且越来越理智。为此，现今的医学科普不仅应该告诉家长一些我们医生认为适宜的结论性知识，更应该给他们讲述儿童生长发育的生理和疾病发生、发展的基本过程，这样才能使越来越理智的家长们正确对待儿童的健康和疾病。

基于这些，产生了继续写书的冲动。试图通过介绍儿童生长发育生理、疾病的基本过程，加上众多的实际案例，与家长一起了解、探索儿童的健康世界。儿童的健康不仅包括身体健康，也包括心理健康。而医学不仅是科学，又是艺术。如何用科学+艺术的医学思维，让发育过程中的儿童获得身心健康，是现代儿童工作者的努力方向。

本套图书试图从生长发育、饮食起居、健康疾病等范畴，从婴儿刚一出生至青少年这人生最为特殊的维度，通过一些基础理论和众多案例与家长及所有儿童工作者一起探索自然养育。

自然养育的基础首先应该全面了解儿童，而每个儿童都是个性化儿童。如何利用公共的健康知识指导个性化儿童的成长？自己的孩子与邻家的孩子有太多不同，该如何借鉴别人的经验？这是众多家长的疑惑，也是很多儿童工作者的工作重心。如果能够通过众多案例向家长和儿童工作者全面介绍儿童的发育、发展规律，以及利用社会公认的方法正确评估个性儿童的发展，会有利于真正全面了解成长中的个性儿童。只有全面了解了个性儿童，自然就会给予恰当的指导，这就应该是自然养育。

本套图书共12册。第一本介绍儿童生长的奥秘。通过2006年和2007年世界卫生组织公布的儿童生长曲线切入，介绍如何正确评估儿童的生长。将过去孤立的生长测量数据，通过生长曲线的表达，变成活跃跳动的生长过程。其中包括数十个鲜活的案例，使家长能够从中找到自己孩子的生长身影。生长评估不仅适用于足月出生的健康儿童，同样适用于过早出生的早产婴儿。通过多个鲜活生动的案例，带领0~6岁的家长和儿童工作者进入儿童生长的斑斓世界。

在此，感谢10多年来父母必读杂志社诸位朋友一如既往的支持。从2002年1月到今天，《父母必读》杂志每月1期的"崔玉涛大夫诊室"专栏，到《0~12个月宝贝健康从头到脚》，又到《崔玉涛：宝贝健康公开课》，再到现在出版的《崔玉涛谈自然养育　理解生长的奥秘》。一路支持与帮助，为我坚定医学科普之路提供了强大的助力。

还要感谢所有支持我的家长、医学同道和我的家人，感谢你们无私和真诚的帮助！

2015年7月20 日于北京

目录

本书生长曲线图来源于世界卫生组织网站。
可登录www.who.int/childgrowth/standards/en下载生长曲线图

World Health
Organization

第一章

生长

最自然的成长过程

生长是一个自然而然的过程，绝不是在无数对比、纠结中不断积累。自然养育，第一步就是放下自己，尊重孩子的个性化成长。孩子的生长没有快速通道，让他以自然的姿态成长吧。

理解生长的意义

　　终于迎来了宝宝的出生，小佳抱着宝宝怎么看也看不够，问医生的问题也一个接一个："医生，我的宝宝身长和体重都偏低，他以后能赶得上别的宝宝吗？"

✚ 崔大夫观点　宝宝一出生，就面临成长的问题，所以，这位新妈妈的问题其实是所有新妈妈的问题，宝宝长得好不好？怎么才能让他长得高一点儿？他的体重正常吗？各种各样的问题就来了。今天，我们就带着新妈妈一起来认识生长。

生长是指各个器官、系统、身体的长大，是量的变化，可以用度量衡来测量，有相应测量值的正常范围。也就是说，孩子生长的情况如何，是可以测量出来的。

很多父母经常会问我这样的问题："我们家孩子和隔壁的孩子差不多大，可是比人家的孩子矮半头，体重也比不过别的孩子，怎么才能让孩子的长势和别的孩子一样？"

孩子的生长与很多因素有关，比如遗传、营养、睡眠、运动等等，而且每个孩子都有自己的生长节奏，单单拿年龄相同来比较孩子的生长状态，这是很多父母常犯的错误。

与孩子的生长相关的因素

遗传

营养

睡眠

运动

➕**崔大夫建议**　孩子的生长在一定范围内受到多种因素的影响，存在相当大的个体差异，所谓的正常值也不是绝对的。家长要进行系统的、连续的观察，才能了解孩子生长的真实情况。

● 要定期监测孩子的生长情况。监测的重点是：身长、体重、头围、体形。

● 要正确地、尽量精准地给孩子测量身长、体重、头围的数值，这样才能正确地判断孩子的生长情况。

● 要动态地监测孩子的生长，就要学会画生长曲线，并且通过生长曲线来判断孩子的生长情况是否正常。

让孩子慢慢长大

生长是一件需要耐心的事情，孩子在一点点地长大，也需要家长耐心地陪伴他，随着他自然成长的脚步，陪着他一起慢慢长大，不用心急。

想知道孩子的生长是不是正常的，不是和别的孩子比个身长（身高）体重那么简单的事，这样做只能徒增烦恼。像崔大夫说的，定期给孩子测量身长、体重、头围，用生长曲线去动态监测孩子的生长情况，你会发现孩子每天都给你惊喜，成长，本来就是一件让人欣喜的事情。

父母必读　养育科学研究院
Parenting Science

如何准确测量宝宝的生长

小佳是一个很好学的妈妈，这不，刚听崔大夫说了要给宝宝监测身长、体重，她马上就实践开了，而且一天量了2次体重，结果却让她有点抓狂："谁来告诉我，为什么宝宝早上的体重和晚上的体重不一样啊？晚上居然比早上轻了10克！"

崔大夫观点　这位妈妈的出发点是好的，在家中测量体重也是一个正确的选择，因为孩子在家里会更加放松，测量的数据也会相对准确，但是有两点要注意，一是不要那么频繁地测量，二是要学会精准测量，这样测量出来的数值才有意义。至于为什么要给宝宝测量身长、体重、头围和匀称度，因为通过这4种测量可以判断孩子的生长是否正常。

● **体重**：体重是器官、系统、体液的综合重量，是反映孩子的生长与营养状况的灵敏指标，可以通过体重来判断孩子短期的生长状况。孩子出生后的第1年是体重增长最快的1年，是生长的第1个高峰，而且前3个月体重增长最快，约等于后9个月的体重增长，可见，孩子的体重增长是一个非匀速增长的过程。孩子体重增加的速度会随着年龄的增长而逐渐减慢。

婴幼儿体重增加基本参考值

年龄	体重（千克）	体重增加（千克）	与出生时比较（倍）
出生	3		
满3个月	6（±）	3	2
满1周岁	9（±）	3	3
满2周岁	12（±）	3	4
2周岁后至青春期前		每年2千克	

● **身长（身高）**：指头、脊柱、下肢长度的总和，即头顶到足底的垂直长度。身长是判断宝宝长期生长状况的标尺。躺着测时称为身长，站着测时称为身高。

婴幼儿身长/身高增长基本参考值

年龄	实际长度（厘米）	身长增加（厘米）
出生	50	
满3个月	61~62	11~12
满1周岁	75	13~14
满2周岁	85	10
2周岁后至青春期前		5~7/年

● **头围：**是指头的最大围径，头围的生长反映孩子大脑和颅骨的发育。

婴幼儿头围增长基本参考值

年龄	头围（厘米）	增长（厘米）
出生	34	
满3个月	40	6
满1周岁	46	6
满2周岁	48	2
满3周岁	50	2

　　婴幼儿体重、身长（身高）、头围增长基本参考值仅能了解婴幼儿生长的基本规律。对于每个婴幼儿还是建议使用生长曲线连续监测。

　　● **匀称度：**匀称度是对发育指标间关系的评价，也就是体形或身材匀称与否的指标。反映在一定身长/身高的基础上，体重增长情况。

　　通过这4个指标的动态观察，我们就可以了解孩子的生长是否出现偏差，及时做出调整，保证孩子以最佳的状态生长。

　　最好是在家给孩子测量身长、体重和头围。只要掌握好了测量方法，就可以精准地测量了。

　　● **体重测量：**要定时。早上量的和晚上量的怎么会有不同？上面那位妈妈之所以测出了不同的体重数值，就是因为测量的时间不一

样。喝奶前和喝奶后、大便前和大便后，体重都会有差别，所以一定要定时测量，比如大便后，或喝奶前。另外，要坚持每次测量都用同一个秤，即使有技术误差，这个技术误差也可以互相抵消了，因为我们要的不是一个具体的值，而是要看每次的变化。

> 选择体重秤的时候，要看它的精度如何。10~20克（0.01-0.02千克）为1格的体重秤比较合适，过于精密的专业级别体重秤价格相对要高，也没有必要。但不能高于50克（0.05千克）为1格，这样的体重秤精度不够，不适合给孩子称体重。

● **身长测量**：要放松。要想测量身长，一定要在孩子安静、放松的情况下，因为孩子稍一缩腿，一低头，数值就差不少。可以选择孩子睡觉的时候测量，这时他最放松，身体也舒展，测出来的数字才有意义。孩子睡着了，在他头顶上竖一本书，脚底下再竖一本书，测量两本书的距离，就是孩子相对准确的身长。**通常孩子2岁以前是躺着测身长，2岁以后站着测身高。**

● **头围测量**：要简单准确。头围测量要简单、准确，一根细、软绳子、5个点，就能准确测量孩子的头围。

❶❷两条眉毛各自的中点　　❸❹耳尖后面的两点　　❺后面脑勺鼓出来的一个点

测量头围找好5个点后，用一根粗点的软线过5个点绕脑袋一周，就是准确的头围数值。在婴儿期，宝宝的头围增长非常显著，进入幼儿期后，增长就没有那么明显了，宝宝的身材也由头大身小变得比例越来越匀称。

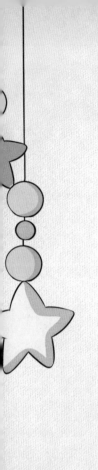

生长曲线如何看？如何画？
如何读懂它？

先来做个与生长曲线有关的小测试

1. 生长曲线的横坐标代表什么？

A. 宝宝的身长（体重）

B. 宝宝的月龄（年龄）

2. 1岁以内的宝宝通常多长时间测量1次身长、体重和头围？

A. 每1周　　B. 每1~2个月　　C. 每3~6个月

3. 生长曲线中间一条线代表什么？

A. 身长体重的最佳值

B. 身长体重的最低值

C. 身长体重的平均值

4. 生长曲线的正常值范围是多少？

A. 第3百分位线和第97百分位线之间

B. 第50百分位线左右

5. 蓝色的生长曲线适合男宝宝还是女宝宝用？

A. 男宝宝　　B. 女宝宝　　C. 都可以

✚ **崔大夫观点**　　前面的小测试，答案为：ＢＢＣＡＡ，你答对了吗？生长曲线是最好的监测生长工具，它能动态监测孩子的生长是否正常，掌握孩子自身的生长规律。下面是身长、体重、头围和体形的曲线图，蓝色的适用于男孩，粉色的适用于女孩。

　　● 生长曲线是通过监测众多正常婴幼儿生长过程后描绘出来的，整个曲线由若干条连续曲线组成。

　　● 生长曲线图的横坐标代表宝宝的出生月龄（年龄），纵坐标代表宝宝的身长（身高）、体重、头围。

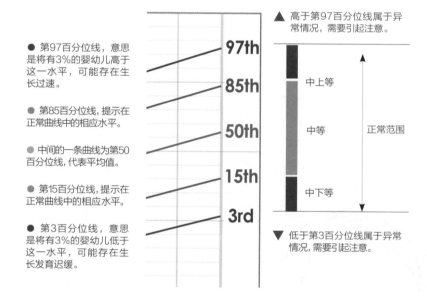

● 第97百分位线，意思是将有3%的婴幼儿高于这一水平，可能存在生长过速。

● 第85百分位线，提示在正常曲线中的相应水平。

● 中间的一条曲线为第50百分位线，代表平均值。

● 第15百分位线，提示在正常曲线中的相应水平。

● 第3百分位线，意思是将有3%的婴幼儿低于这一水平，可能存在生长发育迟缓。

97th

85th

50th

15th

3rd

▲ 高于第97百分位线属于异常情况，需要引起注意。

中上等

中等

中下等

正常范围

▼ 低于第3百分位线属于异常情况，需要引起注意。

任何时候都会有近50%的孩子生长发育指标高于正常值，50%左右的孩子低于正常值，刚好在平均水平的孩子为数极少。所以，千万不要以"平均值"作为自己心中可以接受的最低限度。

0~2岁女宝宝身长曲线

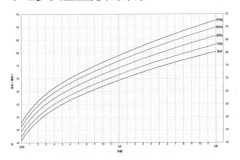

0~2岁女宝宝体重曲线

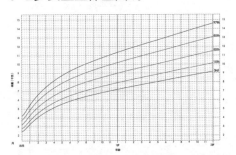

0~2岁女宝宝头围曲线

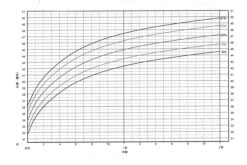

0~2岁女宝宝体形（身长别体重）曲线

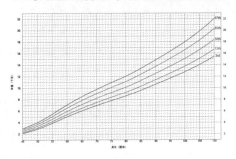

0~2岁男宝宝身长曲线

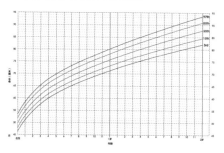

0~2岁男宝宝体重曲线

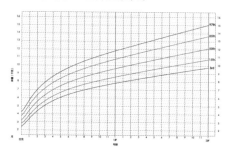

0~2岁男宝宝头围曲线

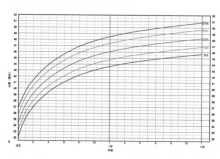

0~2岁男宝宝体形（身长别体重）曲线

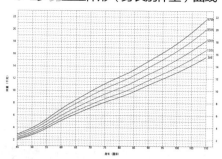

可登录www.fumubidu.com.cn下载生长曲线图，开始为宝宝记录属于他自己的生长曲线吧！

崔大夫教你如何画生长曲线图

以身长曲线图为例，曲线图的横坐标代表孩子的月龄，每1小格表示1个月，纵坐标代表孩子的身长，在横坐标上找到孩子的月龄，在横坐标的上方找到相对应的身长值，画一个小圆点。画过几次小圆点后，将几个点连成线，这就是孩子的生长曲线。

　　根据一次测量数据并不能推测出孩子的生长趋势，要长期定时地记录，通常建议出生后头6个月每月测量1次，以后2～3个月测量1次。

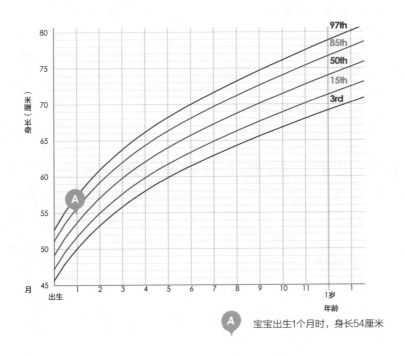

宝宝出生1个月时，身长54厘米

崔大夫教你如何看生长曲线图

　　每个孩子的生长受家族遗传、营养状况、身体疾病等因素的影响，生长会沿着一定的曲线发展，但不是任何阶段都在这个曲线上，只要平均趋势符合即可。

　　如果孩子的生长曲线一直在正常范围（第3百分位线到第97百分

位线）内，沿着其中一条曲线增长，就说明生长是正常的。如果低于或者高于这个范围，或者短期内波动偏离两条曲线以上，就需要请医生帮助寻找原因。

测量匀称度是将孩子的身长、体重放到生长曲线上去比较，如果相交点落在第50百分位线，说明身长、体重的增长非常合适，孩子的体形很匀称，超过第50百分位线，说明体重偏重，低于第50百分位线，说明体重偏轻。

0~2岁**男**宝宝体形（身长别体重）曲线

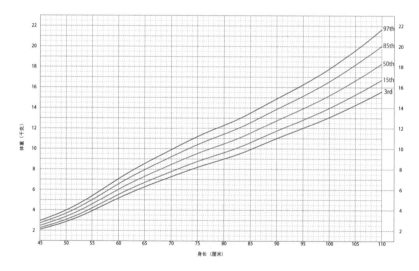

第二章

生长曲线

看得见的生长秘密

　　宝宝生长曲线，宝宝给爸爸妈妈无声的语言，这些珍贵的生长发育案例，详细解读宝宝看得见的生长态势，只有了解生长发育的科学知识，才能真正读懂自己的宝贝。

过早吃大人饭，体重增长出问题

宝宝小档案 嘉嘉，女宝宝，24个月	
出生时	身长54厘米 体重3.71千克
6个月时	身长70厘米 体重7.8千克
12个月时	身长79厘米 体重10千克
15个多月时	体重10.7千克
18个月时	体重10.8千克
24个月时	体重11.8千克

嘉嘉6个月之内母乳喂养，妈妈的奶水很足，宝宝吃得也开心。6个月之后开始添加辅食，以营养米粉为主，逐渐添加了菜泥、肉泥。嘉嘉1岁之后，妈妈因为工作原因，顾不上细心给宝宝准备辅食，于是开始给嘉嘉吃米饭、馒头和炒菜等大人食物。面对这些新食物，嘉嘉胃口大开，同时排便次数也增多了，每天要排便3~4次，大便中有未消化的食物残渣。刚开始，妈妈以为嘉嘉吃得多是好事呢，没想到很快就发现嘉嘉的体重增长出了问题。

你来判断一下嘉嘉的生长正常吗？
A. 生长正常。 B. 生长过慢。 C. 生长过快。

0~2岁女宝宝身长曲线

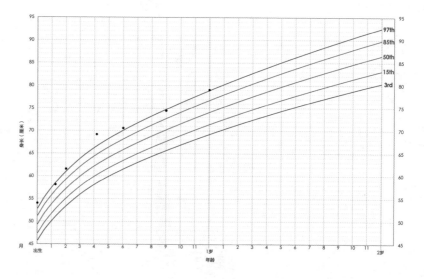

生长点评

小测试正确答案是B。嘉嘉1岁之前生长情况良好，但1岁之后她的体重增长开始变缓。在1岁之后，嘉嘉开始吃米饭、馒头、炒菜等大人食物，虽然孩子的吞咽能力很强，吃得也香，但乳磨牙很可能还没有长出来，即便刚长出来，功能也不强，这样孩子吃进去的食物几乎没经过咀嚼，时间长了，肯定会导致营养的消化和吸收不佳，最终会影响嘉嘉的生长，而最先体现出来的就是体重增长变缓。

崔大夫建议 1岁孩子乳牙刚刚萌出，很多孩子还只有切牙，乳磨牙可能还没有露头呢，这时的孩子咀嚼能力和消化能力都很弱，家长还是应该单独给孩子制作辅食，尽量将食物切碎，辅食可制作稠一些。通过改变喂养方式，孩子的体重会恢复增长。

0~2岁**女**宝宝体重曲线

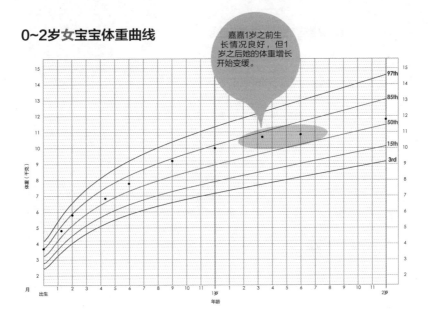

嘉嘉1岁之前生长情况良好，但1岁之后她的体重增长开始变缓。

奶和辅食，哪个少了都会影响生长

宝宝小档案	
妮妮，女宝宝，24个月	
出生时	身长52厘米 体重3.75千克
6个月时	身长69.5厘米 体重8.1千克
近12个月时	身长77厘米 体重9.4千克
18个多月时	身长81厘米 体重10.4千克
24个月时	身长87厘米 体重11千克

妮妮从出生到1岁，身长和体重曲线一直遥遥领先，这让妈妈很自豪："我每天都给妮妮喂养10~12次，宝宝吃得多自然就长得快嘛。"6个月后，妮妮不爱吃辅食，只喜欢吃母乳。奶奶着急了："辅食添加过晚肯定会影响宝宝长个儿。"于是，妈妈每次都让别人来喂妮妮。看不到妈妈又饿得慌的妮妮最终接受了辅食。1岁后，妈妈给妮妮断了母乳，拒绝奶瓶喂养、不吃奶只吃辅食的妮妮，生长又开始变慢。

你会支持妈妈的说法，还是支持奶奶的说法呢？
A.妈妈说法：吃得多长得快。
B.奶奶说法：添加辅食过晚会影响宝宝长个儿。

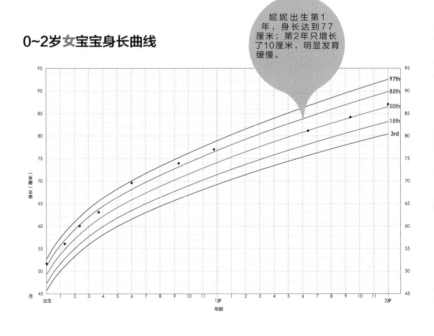

0~2岁**女宝宝身长曲线**

妮妮出生第1年，身长达到77厘米；第2年只增长了10厘米，明显发育缓慢。

生长点评

通过妮妮的小档案看出，在1岁之前妮妮长得很快。因此，妈妈认为，只要每天多喂几次，孩子自然就会长得好，其实这种观点是不对的。因为过度喂养会导致孩子体重增长过快，不利于身体脏器健康发育。另外，即使母乳非常充足，满6个月的孩子也要开始添加辅食。在1岁断母乳后，孩子不能只吃辅食，不喝奶。1岁之后，由于不喝奶，只吃辅食，妮妮的身长和体重发育开始滞后。

➕崔大夫建议　不提倡过度喂养，不要盲目追求孩子长得快。按时添加辅食对孩子的生长非常重要，要想方设法让孩子爱上辅食。在断母乳之后，家长需通过其他方式给孩子继续添加奶制品，同时让孩子自己选择进食，只要营养到位，孩子的生长自然就会恢复正常。

0~2岁女宝宝体重曲线

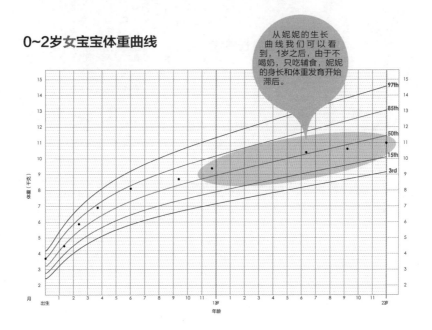

过多添加菜泥和粗粮，体重增长变缓

宝宝小档案	
依依，女宝宝，15个多月	
出生时	身长50厘米 体重3.25千克
5个月时	身长72.5厘米 体重9千克
9个多月时	身长77厘米 体重10千克
13个月时	身长84厘米 体重10.5千克
15个多月时	身长84厘米 体重10.8千克

前6个月依依是纯母乳喂养。6个月后开始添加辅食，从米粉加起。考虑到依依的体重有点儿"超标"，妈妈决定给依依"减肥"，于是，菜泥大约占了依依辅食的2/3。"都说粗粮好，多给宝宝吃肯定有好处。"从7个月开始，姥姥又给依依添加了小米粥、玉米粥。在"精心"喂养之下，依依居然出现体重增长缓慢的现象。妈妈觉得肯定是母乳营养不够了，赶紧给依依断了母乳，换成了配方粉，但依依的体重增长情况仍然不佳。

下面的两种说法，你觉得哪个更有道理呢？
A. 宝宝辅食中菜泥越多越好，有利于宝宝消化吸收。
B. 粗粮更有营养，给宝宝越早添加越好。

0~2岁女宝宝身长曲线

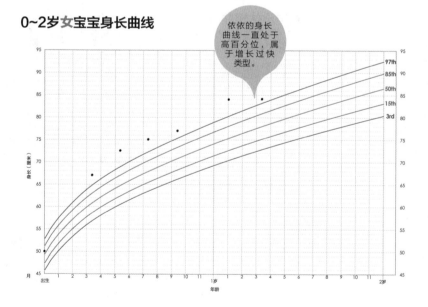

依依的身长曲线一直处于高百分位，属于增长过快类型。

生长点评

妈妈想控制下依依的生长节奏是正确的，但方法不对。粗粮对成人健康有好处，但因为小孩子的胃肠道发育还不成熟，消化吸收功能差，一般不建议在1岁之前过多添加粗粮。吃过多的菜泥和粗粮，没有及时添加其他种类辅食，结果导致身长增长虽然很快，但体重增长却变得缓慢。

崔大夫建议 7~9个月的孩子，胃蛋白酶开始发挥作用了，因此这一阶段的孩子可以开始接受肉类食物，可适当添加肉泥。同时，逐渐改变食物的质感和颗粒大小，逐步锻炼孩子的咀嚼能力。另外，孩子在1岁左右才可以尝试着接触粗粮，真正有规律地食用年龄还应在2岁以后。总之，只要家长丰富辅食的种类和质地，同时减少粗粮添加，孩子的生长曲线就会慢慢趋于正常。

0~2岁女宝宝体重曲线

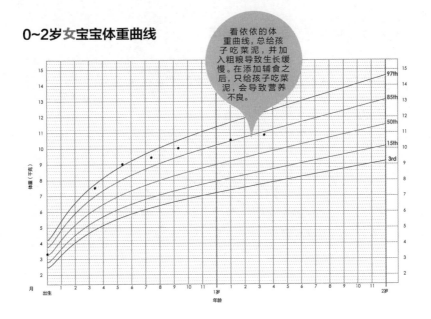

看依依的体重曲线，总给孩子吃菜泥，并加入粗粮导致生长缓慢。在添加辅食之后，只给孩子吃菜泥，会导致营养不良。

边吃边玩，宝宝生长速度明显减慢

宝宝小档案	
浩浩，男宝宝，24个月	
出生时	身长49厘米 体重2.85千克
6个多月时	身长69.5厘米 体重8.3千克
近12个月时	身长79厘米 体重9千克
15个月时	身长80.5厘米 体重9.8千克
18个多月时	身长83厘米 体重10千克

浩浩很活跃，连吃饭也不肯安静下来。每次姥姥只能追着喂，或者让他边玩边吃。妈妈既苦恼又担心："给宝宝喂饭就像打仗，而且这仗是越来越难打了！每次都强迫宝宝吃饭，也肯定会影响营养的消化和吸收。"虽然浩浩的身长、体重等发育指标都在正常范围内，但妈妈发现：宝宝的生长速度正在明显减慢。

浩浩姥姥的做法和浩浩妈妈的观点，你支持哪一个？
A. 浩浩姥姥观点：宝宝不好好吃饭就得追着喂，否则宝宝怎么能长个儿呢。
B. 浩浩妈妈观点：强迫宝宝吃饭，肯定不利于食物消化和营养吸收嘛。

0~2岁男宝宝身长曲线

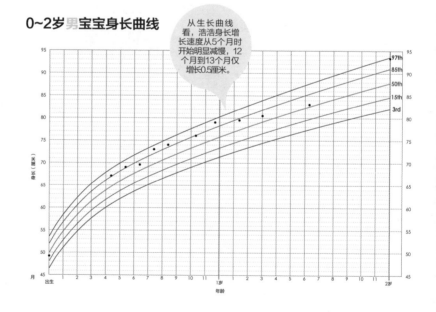

从生长曲线看，浩浩身长增长速度从5个月时开始明显减慢，12个月到13个月仅增长0.5厘米。

生长点评

　　从身长、体重生长曲线看，浩浩从6月份开始生长速度明显减缓。对于吃饭心不在焉的孩子，家长往往会采取少量多次喂养的方式。这种喂养方式容易使孩子失去饥饿的刺激，胃酸的分泌量减少，食物的消化和吸收就会受到影响，不仅身长、体重增长变缓，而且会使孩子逐渐丧失对吃饭的兴趣。**生长变缓，通常是从体重开始的，其次才表现在身长上。**

＋崔大夫建议　　均衡营养组合+良好进食行为=培育出真正健壮的孩子。建议家长实行"饥饿疗法"：等到孩子真正饿时才喂他，并让他逐渐养成正常进食的规律和习惯。测量身长、体重、头围最好选择在孩子情绪好、配合度高的时候，建议在家中测量，以免造成测量误差。

0~2岁**男**宝宝体重曲线

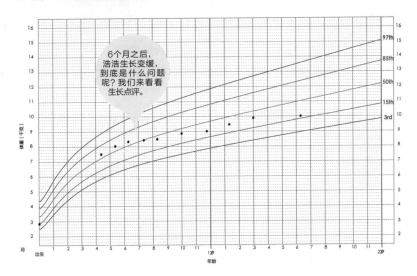

吃饭狼吞虎咽，吃得多却长得慢

宝宝小档案 阳阳，男宝宝，18个月	
出生时	身长49厘米 体重3.3千克
近9个月时	身长76厘米 体重10.2千克
近11个月时	身长77厘米 体重10.3千克
12个多月时	身长78厘米 体重10.4千克
近14个月时	身长79厘米 体重10.6千克

阳阳6个月之前母乳喂养。6个月以后开始添加辅食。看到宝宝的胃口不错，妈妈开始在9个月时给他添加了馄饨、小饺子、馒头等，阳阳非常爱吃，简直是狼吞虎咽，一小碗馄饨和饺子很快就见底了，在一旁看着的奶奶直夸孙子好胃口。可是，让家人迷惑不解的是，虽然阳阳吃得并不少，可是体重却不怎么见长。

以下两种说法，你认为哪个是正确的？
A.宝宝长牙后自然而然就会咀嚼了，咀嚼是不需要经过训练的。
B.在磨牙萌出之前，不能让宝宝吃那些含有小块状的食物，否则会影响消化和吸收。

生长点评

小测试正确答案是B。阳阳的体重增长缓慢，这可能是辅食添加的时间、种类和顺序不够科学合理造成的。9个月大的孩子还没有长出磨牙，对于馄饨、饺子、馒头类食物还不会咀嚼，往往直接吞咽，就会造成营养吸收不良，影响孩子的生长速度。

➕ **崔大夫建议** 家长不能太心急，要严格按照时间来添加辅食。在磨牙萌出之前，不能给孩子吃那些小块状的食物，但家长可以有意识地先训练他的咀嚼动作。大人可与孩子一起进食，进食时家长可示范咀嚼动作，可夸张一些，好让孩子模仿。当孩子逐渐学会咀嚼食物时，体重增长就会慢慢恢复正常。

0~2岁男宝宝身长曲线

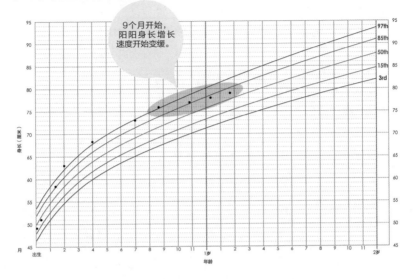

0~2岁男宝宝体重曲线

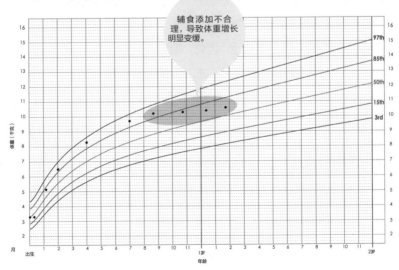

一天中，宝宝的体重会不一样

宝宝小档案
壮壮，男宝宝，18个月

出生时	身长53厘米 体重3.38千克
2个月时	身长61厘米 体重5.9千克
近6个月时	身长69.5厘米 体重7.9千克
12个月时	身长79厘米 体重10.5千克
18个月时	身长85厘米 体重12千克

在喂养上，妈妈坚持母乳喂养，严格按照月龄添加辅食，因此，壮壮一直长势不错。妈妈还特别用心记录壮壮的生长曲线，只是她有点儿迷惑：为什么同一天中，孩子的体重数值都是不一样的呢？最近，妈妈有点儿担心胃口好的壮壮会长胖，可奶奶满不在乎："只要体重在正常范围内，就没什么好担心的！"

下面说法看起来似乎都有道理，你怎么看呢？
A.每天随便找个时间段测量一下宝宝的体重就可以了。
B.测量宝宝的体重应该固定一个时间，这样画出来的生长曲线才会准确。

生长点评

通过生长曲线图发现，在妈妈的精心喂养之下，壮壮出生以后的身长、体重增长都不错。说到测量体重的准确度，要注意以下问题：孩子体重本身基数就小，体重容易受到一些因素的影响。如体重秤本身误差；孩子穿衣多少；孩子吃奶前后、排尿便前后的误差，此外，不同季节也会导致一定误差。如夏季宝宝体内水分蒸发快，体重轻，春、秋、冬季水分蒸发少，体重相对重。因此，相同的一天，壮壮测出来的体重有波动是正常的。奶奶的说法是不对的，孩子是否健康除了要监测他的身长（身高）、体重曲线，还要同时监测一下孩子的体形（身长别体重），这样，不仅可以保证孩子的营养状况，还可以让孩子变得"有型有款"。

➕ **崔大夫建议**　在测量孩子的体重时，最好固定一种状态，比如每次都是在洗澡后进行，而且还要使用相同的测量工具。只有保证每次测量的方式都一样，才可以抵消监测的误差，描绘的生长曲线才准确。观察宝宝的生长曲线，其实他的生长情况很正常，家长不用每天测量，一天测量几次。

0~2岁**男**宝宝身长曲线

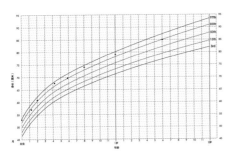

0~2岁**男**宝宝体重曲线

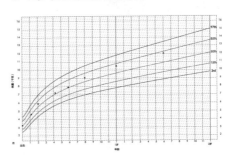

0~2岁**男**宝宝体形（身长别体重）曲线

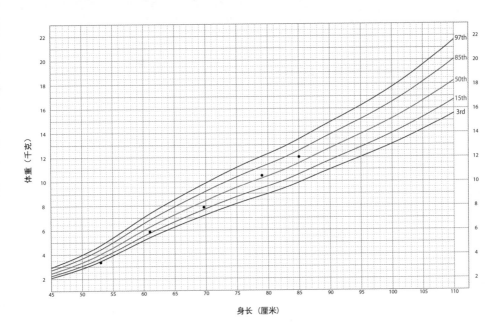

牛奶过敏，宝宝体重增长缓慢

宝宝小档案	
强强，男宝宝，12个多月	
出生时	身长50厘米 体重3.23千克
近4个月时	身长63厘米 体重5.8千克
5个多月时	身长66厘米 体重6.5千克
6个多月时	身长67厘米 体重6.7千克
12个多月时	身长78厘米 体重8.7千克

强强可真让人操心。出生2个月后，每次喂完配方粉，强强就开始哭闹，一天拉七八次便便，稀且带血。这可急坏了家人，经过各种咨询和就医，才弄明白：原来宝宝是配方粉过敏。赶紧换上了深度水解配方粉，可强强一点儿也不喜欢这个味道，死活不吃，只好又改成了部分水解配方粉。虽然便血问题没有再出现，可强强便潜血检查时常呈阳性，体重增长也让人着急。

你觉得下面哪种说法是正确的？
A.过敏治疗开始得越早越好。
B.部分水解配方粉也能从根本上解决宝宝牛奶过敏的问题。

0~2岁男宝宝身长曲线

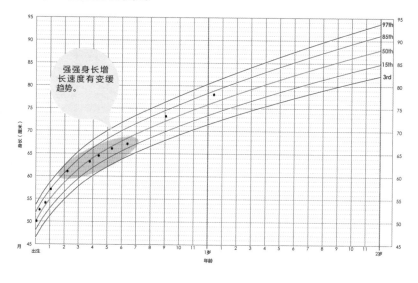

强强身长增长速度有变缓趋势。

生长点评

在0~1岁的婴儿中，大约有5%~10%的孩子对牛奶过敏，最常见的症状有腹痛、呕吐、腹泻、便秘、血便等，这会对孩子进食和消化造成一定的影响。牛奶过敏的孩子应该吃深度水解配方粉或氨基酸配方，但强强不喜欢，只能换成部分水解配方粉，这并不能从根本上解决孩子牛奶过敏的问题。因此，虽然强强没有肉眼血便了，但便潜血检查时常呈阳性，说明肠道仍有损伤，孩子的营养吸收仍然会受到影响，造成体重增长缓慢。7个月时，孩子改喝深度水解配方粉，体重逐渐开始回升。

➕崔大夫建议　婴幼儿生长过程中最重要的是奶，如果出现牛奶过敏的话，就应摄入深度水解蛋白或氨基酸配方粉，保证基本营养的来源，不至于出现营养缺失。如果婴儿不接受深度水解或氨基酸配方粉的味道，可在原有配方粉中逐渐添加，争取2周全部换成深度水解或氨基酸配方粉。在此基础上，尽快寻找孩子能够接受的辅食。

0~2岁男宝宝体重曲线

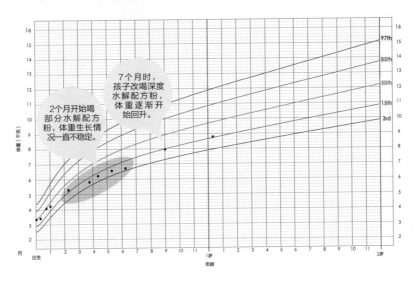

吃饭不好零食补，体重增长受影响

宝宝小档案	
娅娅，女宝宝，25个月	
出生时	体重3.2千克
11个多月时	身长78厘米 体重9.8千克
12个多月时	身长79.5厘米 体重10千克
14个多月时	身长82厘米 体重10.4千克
17个多月时	身长84厘米 体重10.5千克

在1岁之前，娅娅无论是身长还是体重都长得很好，奶奶走到哪里都夸自己的孙女。可自从断母乳换成配方粉之后，娅娅对吃饭的兴趣就不大。每次奶奶喂饭时，她总是边吃边玩，心不在焉，害得奶奶只能追着喂，可吃进去的还是不多，由于奶奶担心宝宝饿坏了，便不时地给她吃点儿零食。结果，每次去体检，大夫都说她的体重不达标。这可急坏了全家人。

下面两种说法的支持率相差不大，那么你会站在哪一方呢？
A.宝宝就是不能惯着，不爱吃饭就饿着，到时候自然就吃了。
B.宝宝的胃还很娇弱，如果他真不爱吃正餐，那就随时给他吃点儿零食。

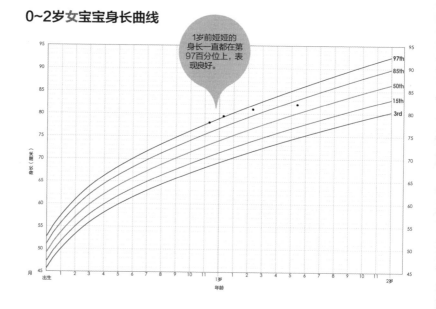

0~2岁女宝宝身长曲线

1岁前娅娅的身长一直都在第97百分位上，表现良好。

生长点评

　　1岁之后，由于娅娅没有养成良好的进食习惯，边吃边玩，进食量也不大，再加上家长给孩子加了零食，进一步影响了孩子食欲，导致孩子营养摄入不足，体重增长曲线一下子变缓，第14~17个月体重几乎没有增长。其实，吃什么饭是次要的，怎么让孩子愉快、主动地吃才是主要的。

➕崔大夫建议　　按顿喂养，大人可与孩子一起进食，做好示范作用，但不强迫孩子，每次进食最多30分钟。**记住，在两顿饭中间不要给宝宝吃任何零食，除了水。**当孩子逐渐知道饥饿了，就会自主进食。在辅食制作方面，也可有意识地增加花样，变化食物味道。

0~2岁**女**宝宝体重曲线

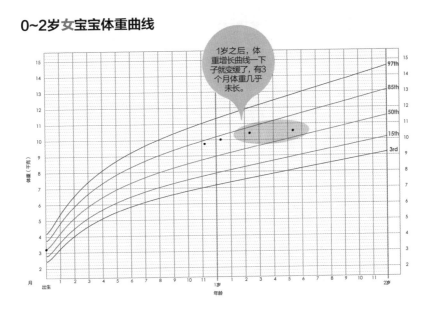

1岁之后，体重增长曲线一下子就变缓了，有3个月体重几乎未长。

把喂奶当成止哭"灵药"，体重增长过快

宝宝小档案 轩轩，男宝宝，3个月	
出生时	身长51厘米 体重2.89千克
1个月时	身长56厘米 体重4.8千克
2个月时	身长60厘米 体重6.1千克
3个多月时	身长62厘米 体重7.6千克

出生4周后，轩轩老是哭闹，还蜷着身体，一喂奶就停，不用说，那肯定是饿了呗！于是，奶奶让妈妈每隔30分钟到1个半小时就喂轩轩一次，差不多每天都要喂养10～12次母乳，真是把妈妈折腾得筋疲力尽。每次喝奶时，轩轩都会放很多屁，喝完奶后尿布上都有少许大便。虽然宝宝有点儿磨人，可长势不错。不仅身长在第50百分位线之上，体重更是超常增长。

下面的两种说法，你会支持哪一个呢？
A.轩轩奶奶认为：宝宝哭闹肯定是饿了，应该及时喂奶。
B.轩轩妈妈认为：宝宝的体重增加越快越好，说明宝宝生长良好。

0~2岁 男 宝宝身长曲线

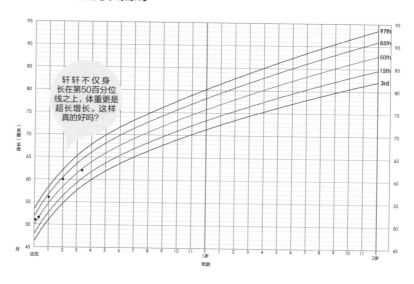

轩轩不仅身长在第50百分位线之上，体重更是超长增长。这样真的好吗？

生长点评

　　从生长曲线来看，轩轩体重增长很快，而身长增长并未明显加快。如果给轩轩画出体形曲线，就能发现问题：轩轩已经是个小胖墩了。并非所有孩子哭闹都是因为饿了，从"哭闹，还蜷着身体，喝完奶后放屁"等描述来看，轩轩的哭闹是因为婴儿肠绞痛。实际上，出生后4周～6个月内婴儿频繁哭闹是肠绞痛的常见表现，不是饥饿所致，频繁喂养看似能够解决当时的哭闹，结果就会促使体重过度快速增长。

➕崔大夫建议　　肠绞痛主要侵扰4周～6个月的婴儿，随着孩子慢慢长大，这种情况会全部缓解。家长可试试以下方法来帮孩子缓解症状：用床单将孩子束裹起来；将孩子保持侧位或俯卧位；在孩子耳边间断并有节律地吹"嘘嘘"的声音，或者询问儿科医生的建议。

0~2岁**男**宝宝体重曲线

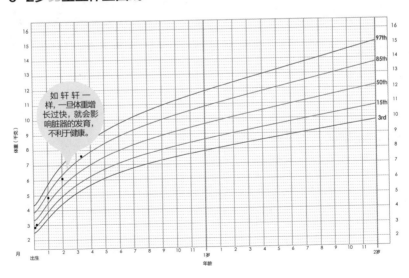

生长曲线稳定上升即正常，不必追求平均值

宝宝小档案	
豆豆，男宝宝，4个月	
出生时	身长49厘米 体重2.95千克
3个多月时	身长62厘米 体重5.9千克
4个多月时	身长64厘米 体重6.7千克

豆豆爸爸身高180厘米，家里人都希望豆豆将来跟爸爸一样，是个高高的帅小伙儿。豆豆的身长一直都在第50百分位线上下徘徊，体重一直在第50百分位线以下。难道豆豆连个平均数都达不到吗？豆爸豆妈有点儿着急了，总觉得小家伙是不是吃得不够多，生长不达标呀？

豆豆的生长正常吗？
A. 豆豆的生长曲线低于第50百分位就是低于平均水平，生长不正常。
B. 出生时，豆豆的生长曲线就不高，后期在稳定持续增长，属于生长正常。

生长点评

豆豆出生时的身长在第25百分位线上，体重在第15百分位线上，且生长曲线呈稳定上升趋势，非常正常。看一个孩子的生长发育是否正常，重点不在于看孩子是不是达到了平均水平，而在于持续观察孩子的身长和体重的增长趋势。如果孩子一直在出生时的百分位上稳定增长，就属正常，第50百分位只是一个平均值，代表人群的平均水平。每个孩子出生时所在生长曲线的位置和父母的遗传因素决定了他们一定会有自己的生长轨迹。因此，在自己的生长曲线上持续稳定地增长就是正常的。

➕ **崔大夫建议** 每个孩子出生时所在生长曲线的位置是不可选择的。孩子今后的生长，特别是2~3岁之前，应该以生长曲线作为比较的基础。家长可将孩子从出生至现在所有能够得到的不同时间的身长（身高）、体重、头围的测定值画在曲线上，长期坚持下去，才能看出孩子的生长轨迹是否正常。只要曲线在同一水平，就是正常的。

0~2岁**男**宝宝身长曲线

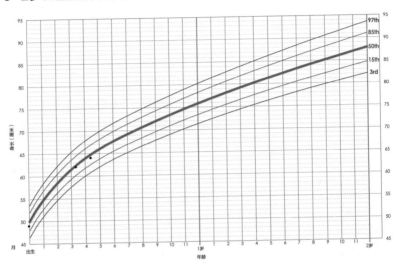

0~2岁**男**宝宝体重曲线

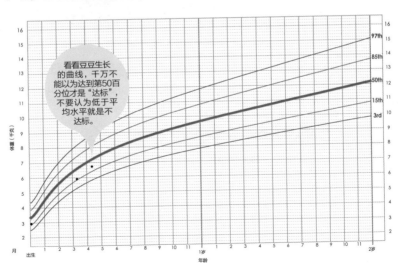

看看豆豆生长的曲线，千万不能以为达到第50百分位才是"达标"，不要认为低于平均水平就是不达标。

初乳期间，体重降了也正常

宝宝小档案	
逸飞，男宝宝，2个多月	
出生时	身长49厘米 体重2.81千克
10天后	身长49.5厘米 体重2.66千克
近1个月时	身长54厘米 体重3.64千克
2个多月时	身长59厘米 体重5千克

逸飞出生时体重不到3千克，2个多月时体重才4.7千克，隔壁家的瑞瑞2个月还不到，体重都6千克了。每次逸飞妈妈推着小逸飞出去散步，跟瑞瑞一比，逸飞显得很瘦小。逸飞妈妈有点着急：逸飞出生后一直坚持母乳喂养，最初的10天，逸飞的体重还掉了150克呢！难道自己做错了？

逸飞的生长正常吗？你也有和逸飞妈妈一样的担心吗？
A.是的，很担心。宝宝体重一直比别人轻，可能是营养不够。
B.有点担心。虽然10天后体重有点掉，但后来追上来了，还是在增长。
C.不担心。虽然比别人轻一些，但与出生时水平匹配，增长正常。

生长点评

妈妈分娩后不可能即刻就有乳汁，所以需要婴儿不断吸吮，以刺激乳房尽快产生乳汁。若没有疾病存在，只要婴儿出生后体重下降不超过出生体重的7%，就要坚持让孩子多吸吮妈妈的乳头。逸飞出生后体重确实有一些下降，但是没有超过出生体重的7%，并且很快就回归到自己的生长曲线上来了，说明妈妈的乳汁营养是足够的。

➕崔大夫建议 孩子体重的增长存在显著的个体差异，而且增长速度不可能以"绝对增长克数"衡量，所以要用生长曲线，按照体重曲线图分析孩子体重增长的情况。这是监测孩子生长发育是否正常的重要途径。

0~2岁男宝宝身长曲线

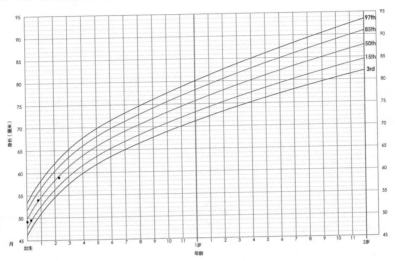

0~2岁男宝宝体重曲线

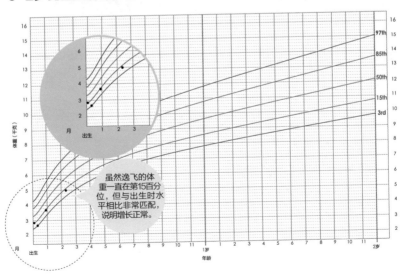

虽然逸飞的体重一直在第15百分位，但与出生时水平相比非常匹配，说明增长正常。

鸡蛋过敏影响生长

宝宝小档案	
圆圆，女宝宝，18个月	
出生时	身长48厘米 体重2.65千克
4个多月时	身长62厘米 体重6.2千克
10个月时	身长74.5厘米 体重8.5千克
15个月时	身长79厘米 体重10.1千克
18个月时	身长83厘米 体重10千克

圆圆生下来时体重和身长比其他宝宝都小。妈妈本来想坚持全母乳喂养，可奶奶说："母乳不如牛奶有营养。"圆圆白天吃母乳，晚上喝配方粉，终于，体重和身长追上了同龄宝宝。4个月开始添加辅食，奶奶给圆圆先添加了蛋黄，接着逐渐添加各种食物，圆圆的体重增长放缓。13个月时，由于怀疑蛋黄过敏，医生建议圆圆停掉了蛋黄和含鸡蛋食物，她的体重有所增长。2个月后，妈妈恢复了给圆圆吃鸡蛋，结果圆圆体重增长再度变缓。

圆圆的生长正常吗？她的生长遇到了什么问题？一起猜猜看。
A.正常，没有问题。圆圆的生长是宝宝常常出现的问题，长长停停嘛。
B.不正常，属于生长缓慢，可能是鸡蛋过敏，需要看医生。

0~2岁**女**宝宝身长曲线

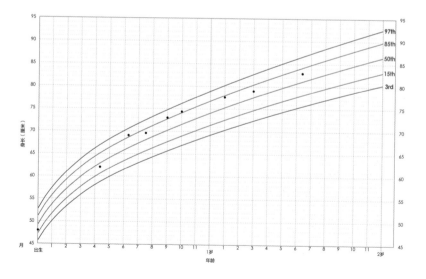

生长点评

出生时，圆圆的体重、身长较其他婴儿偏小，但均在正常范围内。此时，家长可以纯母乳喂养，不需要为了使婴儿增长快些而增加配方粉喂养。

添加辅食后，孩子体重增长缓慢，可能是对鸡蛋过敏。而过敏往往也是影响生长的原因之一。停止鸡蛋及含鸡蛋食物摄入后，圆圆体重明显增加。家长认为体重开始增加了，又恢复进食鸡蛋，结果体重增长又再度变缓。**家长的这种做法是错误的，怀疑或确定食物过敏，要停止此种食物喂养至少3~6个月时间。**

➕ **崔大夫建议** 如果发现2~3个月内体重不增或没按照曲线标示的速度生长，可以考虑为生长缓慢。遇到生长缓慢的情况，应该请教医生，在医生指导下考虑这种情况是否与进食种类和数量、进食习惯、胃肠状况、运动发育、消耗性问题或食物过敏等因素有关。

0~2岁女宝宝体重曲线

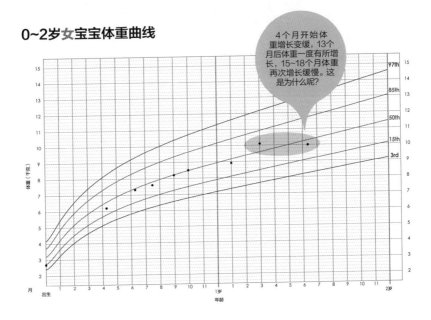

哭闹不一定是没吃饱，哄吃饭肯定长不好

宝宝小档案	
悦悦，女宝宝，11个月	
出生时	身长50厘米 体重2.7千克
2个月时	身长59厘米 体重6.1千克
4个多月时	身长64厘米 体重7.7千克
8个多月时	身长70.5厘米 体重9.5千克
11个多月时	身长76.5厘米 体重9.6千克

悦悦出生后3周开始，就老哭闹。奶奶对悦悦妈说："肯定是你的母乳稀，宝宝没吃饱才哭闹。"悦悦妈不想添加配方粉，听说母乳是多喂多产，于是积极喂养，增加宝宝吃母乳的次数，一天达到12次。可是，悦悦哭闹情形还是没有得到明显改善，只是体重噌噌地往上长。

到了该添加辅食时，悦悦不哭闹了，可新问题出现了：悦悦对新食物一点儿兴趣也没有。喂米粉，非要掺着奶；添蔬菜，也是吃一口就用小舌头顶出来。妈妈常常是连哄带骗喂她。9个月以后，悦悦的体重增长变慢了。

悦悦体重6个月前噌噌地长，9个月后体重增长减慢。你怎么看？
A.悦悦的体重和身长（身高）从开始的第10百分位直追猛赶到了第97百分位，长势喜人啊。即使9个月后掉下来一些，也比基础高很多了。
B.悦悦6个月前体重增长过快很不正常，9个月后体重增长减慢也可能是有原因，需要咨询医生。

生长点评

家长们要警戒孩子的生长速度，像悦悦这样，6个月前体重增长过快和9个月后体重增长减慢一样都需要引起足够重视。

悦悦出生后3周开始，出现阵发性频繁哭闹，家长误认为是母乳不足。其实，婴儿哭闹不一定是因为没吃饱，可能是有别的需求。比如，频繁哭闹是肠绞痛的常见表现，不是饥饿所致，频繁喂养看似能够解决当时的哭闹，结果却促使体重过度快速增长。由于绝大多数肠绞痛现象会在出生后4~6个月内自行缓解，此时也到了添加辅食期间，可是，悦悦对辅食添加兴趣不大，非要逗着才能进食，因此出现9个月

0~2岁**女**宝宝身长曲线

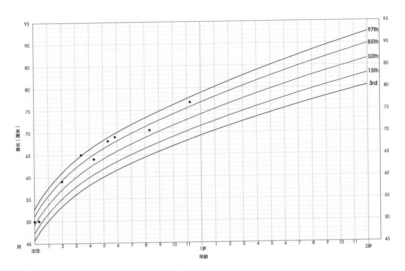

0~2岁**女**宝宝体重曲线

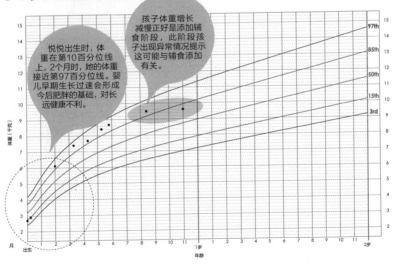

后体重增长有所减缓。此时需要请教医生，在医生指导下考虑进食种类和数量、进食习惯、胃肠状况、运动发育、消耗性问题或疾病。

满6个月后，即使母乳很充足，也必须添加辅食。对起初不喜欢辅食的宝宝，可先喂辅食，再喂母乳。最好不要用母乳调米粉。

➕崔大夫建议 体重受营养、身体健康状况等因素影响比较大。6个月之前婴儿体重增长过快是由于悦悦哭闹导致喂奶增多造成的。因此，婴儿哭闹要及时找出原因，要避免喂养过度导致体重增长过快，预防成人期慢性疾病的发生。需要提醒家长的是，并不是所有婴儿哭闹都是饥饿所致，尤其需要警惕的是，婴儿有肠绞痛问题，也会出现哭闹增多现象，不要因为婴儿哭闹而造成喂养过度。很明显，悦悦体重增长减慢是因为不爱吃辅食。建议家长放松心情，不要强迫婴儿进食，适当让她体会饥饿，同时，家长作为榜样，有意诱导饥饿，可提高婴儿对进食的兴趣。

尊重孩子成长规律

如果孩子只有通过玩耍等诱导或哄骗才能吃饭，说明喂养方式出现问题，需要帮助孩子提高对进食的兴趣，并建立良好的饮食习惯。孩子是非常天然的个体，只要感觉不舒服就会反抗，多一口饭，甚至多一粒米也不吃。因此，个性化养育要遵循每一个孩子自然的成长轨迹和规律，通过各种科学适合的引导让他长得更好、更健康！其实，只要引导科学合理，每个孩子都能好好吃饭。

是胖是瘦？结合体形曲线看

宝宝小档案	
小泽，男宝宝，1岁半	
出生时	身长51.5厘米 体重3.3千克
近3个月时	身长63.5厘米 体重7.2千克
8个月时	身长75.5厘米 体重9.4千克
10个月时	身长77厘米 体重10.4千克
18个月时	身长84厘米 体重10.5千克

小泽6个月以前，体重和身长的曲线都处于正常值的高位，全家人都很高兴。可是，6个月以后，上升的势头就没那么好了，尤其是到了1岁1个月，体重居然还不如10个月的时候重。妈妈拿着生长曲线来到诊室问：孩子这段时间长得不好，这是怎么回事？宝宝的体形在第50百分位线左右，是不是还算正常，不胖也不瘦吧？

小泽是胖还是瘦？
A.孩子10个月以后虽然生长速度慢了，但他的身长和体重曲线基本都在第50百分位以上，说明孩子的身长和体重长势是一致的，体形正常。
B.不正常，孩子的体形已经发生了改变，曲线下降了，孩子变瘦了。

生长点评

10个月以前，孩子的体形曲线高于第50百分位，属于"偏胖"。10个月后的体形曲线，发现水平在降低，属于"偏瘦"。通过询问家长了解到，孩子很喜欢吃辅食，从孩子10个月开始，家长将辅食增加为每天3次，而配方粉由原来的每天800毫升减到400毫升。辅食主要是蔬菜，每餐可达5种，还有一些肉和鸡蛋，粮食只占1/3。孩子原来一天1次大便，后来一天3次。孩子之所以偏瘦，和家长的喂养有很大关系。

➕崔大夫建议　辅食只是辅助食品，1岁以内的孩子还是应该以奶为主，每天至少要达到500~600毫升。此外，辅食的搭配也有问题，主食过少，蔬菜过多，导致孩子大便增多，体重增长过缓，所以孩子的体形表现为偏瘦。这就需要调整辅食结构，增加主食量。

0~2岁**男**宝宝身长曲线

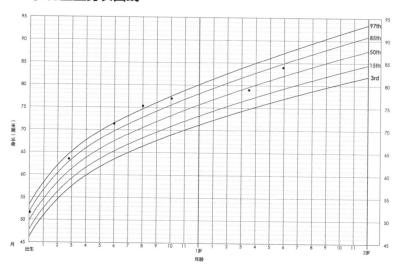

0~2岁**男**宝宝体重曲线

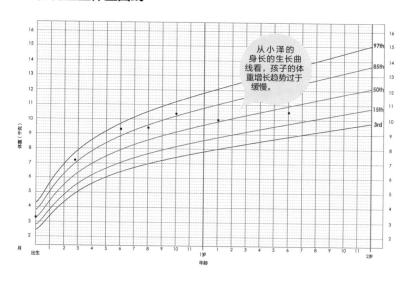

从小泽的身长的生长曲线看，孩子的体重增长趋势过于缓慢。

0~2岁**男**宝宝体形曲线

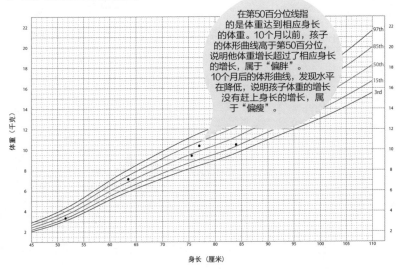

在第50百分位线指的是体重达到相应身长的体重。10个月以前，孩子的体形曲线高于第50百分位，说明他体重增长超过了相应身长的增长，属于"偏胖"。
10个月后的体形曲线，发现水平在降低，说明孩子体重的增长没有赶上身长的增长，属于"偏瘦"。

主食吃得少影响生长

<table>
<tr><td colspan="2">**宝宝小档案**
菁菁,女宝宝,15个多月</td></tr>
<tr><td>出生时</td><td>身长52厘米
体重3.98千克</td></tr>
<tr><td>8个月时</td><td>身长74.5厘米
体重9.6千克</td></tr>
<tr><td>12个月时</td><td>身长75.5厘米
体重10千克</td></tr>
<tr><td>15个多月时</td><td>身长76厘米
体重9.7千克</td></tr>
</table>

8个月开始,菁菁的体重增长放慢,15个月时体重甚至出现负增长。菁菁每天能喝400毫升奶,吃3顿饭。一般来说,早饭是1个鸡蛋羹;午饭是面条,常配有蔬菜和肉等;晚饭是杂粮粥和蔬菜。奶奶说,粗粮有营养,鸡蛋羹好消化。可是,菁菁的体重就是不见长。菁菁是不是得了什么病呢?

奶奶做的饭对菁菁的生长有影响吗?
A.没有影响。奶奶做的饭种类丰富,好消化,宝宝可能就是"吃得多、长不胖"的类型吧。
B.有影响。奶奶做的饭不适合菁菁。

生长点评

菁菁进食量正常,对进食也非常感兴趣,可每顿饭中粮食所占比例很少,而且经常吃粗粮。对生长发育旺盛阶段的孩子来说,除了喝奶,粮食是非常重要的食物来源,每次饭中粮食应该占一半。菁菁吃的粮食所占比例不足——粮食性状很稀,还掺有杂粮——造成每次进食中能量物质不够,影响生长。

➕ 崔大夫建议 不到2岁的孩子,最好能够保证每天至少400毫升配方粉,保持3次固体食物,注意食物性状。建议菁菁的3次固体食物的摄入需要加大主食的比例。比如鸡蛋羹可再加上面包、馒头片,晚饭可以改成软米饭等。

0~2岁**女**宝宝身长曲线

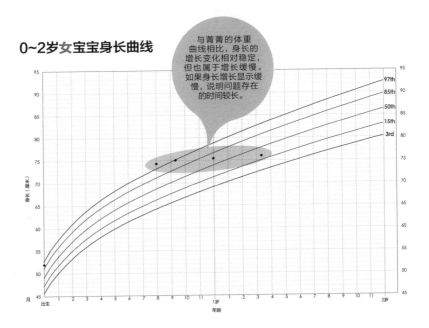

0~2岁**女**宝宝体重曲线

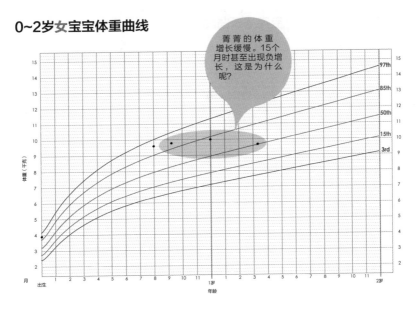

长太胖，不会翻身不会爬

宝宝小档案	
嘟嘟，男宝宝，8个多月	
出生时	身长50厘米 体重3.61千克
2个月时	身长62.5厘米 体重6.8千克
4个月时	身长69.5厘米 体重9.4千克
6个月时	身长73厘米 体重10.3千克
8个多月时	身长74.5厘米 体重10.9千克

　　嘟嘟是纯母乳喂养，为了缓解肠绞痛哭闹，他1天能吃上10~12次奶。医生建议嘟嘟哭闹时让他趴着待会儿，说这样也能缓解。可姥姥说："小娃娃趴着会压迫心肺！"4个月时，嘟嘟连续趴着不能超过5分钟，也不能很好地抬头。在医生的积极鼓励和指导下，嘟嘟趴着的次数和时间逐渐增加。6个月时肠绞痛基本缓解，嘟嘟不多吃了，体重增长开始变缓。虽然嘟嘟开始能够趴着、自行翻身，但8个月时他还是不能爬。

嘟嘟的生长发育正常吗？
A.不正常，长得太胖了，不好减肥呢！看，都爬不动了。
B.正常，宝宝胖点儿没关系，反正会走路后也会变瘦的。

0~2岁**男**宝宝身长曲线

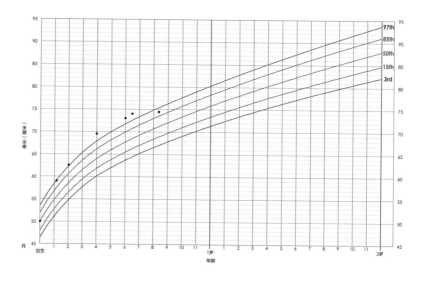

生长点评

　　嘟嘟出生时，体重和身长都非常正常。出生后由于存在肠绞痛现象，增加了纯母乳喂养次数，有时候达到每天10~12次，导致体重增长速度过快，超出了正常水平。过度喂养不仅会让孩子体重生长过快，还会影响孩子的大动作发育。我们发现，即便有了医生的积极鼓励和正确指导，他的体重增长慢慢减缓，可大动作发展仍然滞后，身长增长变慢。

➕崔大夫建议　　孩子有肠绞痛情况，很容易由于过度喂养而致使孩子体重增长过快。建议家长在孩子哭闹时先让婴儿俯卧位——趴着，观察是否能够适当缓解哭闹。对于肠绞痛的孩子来说，常趴着还可以缓解肠绞痛的症状。此外，趴着不仅可以促进颈背部肌肉的发育，利于抬头，而且还可以通过刺激全身肌肉协调，促进大脑对运动功能的控制。

0~2岁 男 宝宝体重曲线

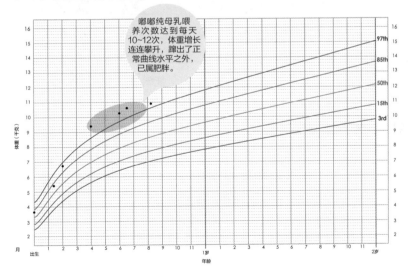

生长变慢，该添加辅食的信号之一

宝宝小档案	
元宝，男宝宝，9个月	
出生时	身长54厘米 体重3.64千克
5个多月时	身长67厘米 体重7千克
6个多月时	身长70.5厘米 体重7.5千克
7个多月时	身长71厘米 体重8.4千克
9个月时	身长74厘米 体重9.3千克

元宝一直是纯母乳喂养。4个月后，妈妈觉得自己的母乳不太够，可又不想添加配方粉，一直坚持全母乳喂养，发现元宝的体重增长放慢了。不到6个月时，妈妈发现，元宝特别喜欢看大人吃饭，常常盯着大人的嘴巴看，有时候还会有流口水和吞咽的动作。妈妈试着给他添加婴儿营养米粉，并保持母乳喂养。很快，元宝的体重又开始增加了。

元宝的体重增长放缓正常吗？
A.不正常，体重增长减慢说明母乳不足，需要及时添加配方粉或辅食来增加营养。
B.正常，坚持母乳喂养特别好，体重虽然暂时放缓，后来添加辅食后也追赶正常了。

生长点评

虽然孩子未满6个月，但他已经对大人进食非常有兴趣，并有流口水和吞咽的动作，这说明他已经准备好添加辅食了。添加婴儿营养米粉，并保持母乳喂养，元宝的体重又开始增加。随着辅食种类和数量增加，纯母乳加上辅食完全能够满足婴儿生长的需要。

➕**崔大夫建议** 对于什么时候开始添加辅食，不仅应该关心孩子的月龄，还要观察孩子是否已经对大人吃饭产生关注。比如，大人吃饭时，孩子是否开始出现眼神固定，并出现吞咽、流口水等动作或者孩子近期体重增长偏缓，这些都是应该添加辅食的标志。

0~2岁**男**宝宝身长曲线

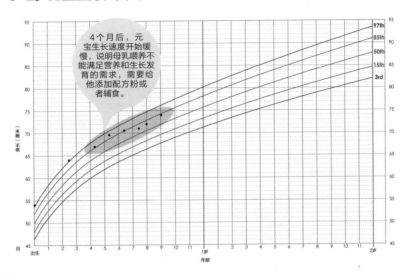

0~2岁**男**宝宝体重曲线

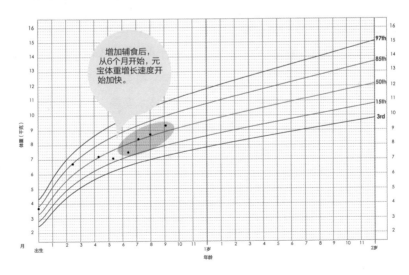

在医院测量身长、体重，未必测得准

宝宝小档案	
小团子，男宝宝，10个多月	
出生时	体重3.2千克
4个月时	身长67.5厘米 体重7.3千克
6个月时	身长70厘米 体重8.01千克
8个多月时	身长73厘米 体重8.9千克
10个多月时	身长76厘米 体重9千克

每次，妈妈带着小团子来测量身长、体重，有时是在上午，有时是在下午。妈妈说，上午一般小团子会吃饱奶来医院，下午小团子会拉完臭臭才来医院。这样，小团子测量的时候才会比较配合呢!

小团子的生长曲线正常吗?
A.正常，小团子的生长曲线在第50百分位上下浮动，还接近平均值。
B.基本正常，没在第50百分位的曲线上，有点儿偏差。

生长点评

从小团子的生长曲线图来看，小团子身长、体重虽然属于正常，但是每次测量有少许变化，这与测量时孩子状况有关。孩子配合，身长测量就会较准确，如果不配合，身长测量就会不太准确。此外，吃奶后和大便后的体重测量也会有出入。

➕崔大夫建议 我们建议在家测量，因为数据更准确。家中测量体重要尽量定时。测量时间不一样，比如喝奶前后、大便前后，体重都会有差别。所以一定要定时测量，比如定在每天大便后或喝奶前。另外，要坚持每次测量用同一个秤。即使有技术误差，也可以互相抵消，因为我们要的不是一个具体的数值，而是看每次的变化。此外，家中测量身长要放松。一定要在孩子安静、放松的情况下，因为孩子稍一缩腿，一低头，数值就差不少了。可以选择孩子睡觉的时候量，这时他最放松，身体也最舒展，测出来的数值才更准确。

0~2岁男宝宝身长曲线

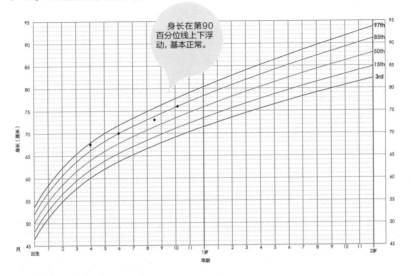

身长在第90
百分位线上下浮
动，基本正常。

0~2岁男宝宝体重曲线

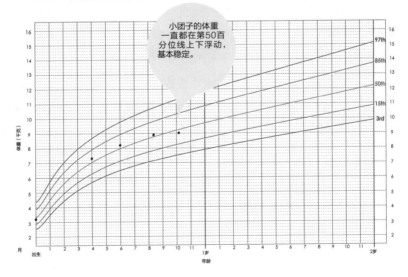

小团子的体重
一直都在第50百
分位线上下浮动，
基本稳定。

频繁夜醒，影响生长

宝宝小档案	
麦兜，男宝宝，8个月	
出生时	身长52厘米 体重3.65千克
1个多月时	身长58厘米 体重5.5千克
6个月时	身长69厘米 体重8千克
8个月时	身长71厘米 体重7.8千克

麦兜出生后，一直是纯母乳喂养，跟妈妈睡大床，6个月开始，妈妈发现麦兜晚上不但没睡整觉，吃夜奶的情况反而有增无减。每天大概1~2个小时他就会醒来吃一次，每次叼着妈妈的奶头吃几分钟就睡着了。

麦兜的生长出现体重增长缓慢，这跟他频繁吃夜奶有关吗？
A.有关。吃夜奶影响睡眠，不利于婴儿健康生长。
B.无关。很多孩子都喜欢晚上吃夜奶，断奶后体重自然会追回来。

生长点评

6个月开始，麦兜夜奶需求明显增加，但每次只要几分钟即可继续入睡。这说明麦兜夜间醒来时的喝奶量少，仅仅是安抚性吃奶，可以逐渐往后拖延夜间喂养时间，进而逐渐剔除夜间喂养。因为频繁夜醒会增加婴儿消耗，不利于体重增长。

➕ **崔大夫建议** 夜奶喂养与孩子的生长发育情况有关，而是否夜间喂养要与孩子实际情况相对应，不可规定何时必须停止夜间喂养。如果孩子夜间为了喝奶自主醒来，且喝奶量每次相同，说明孩子还是饿了，应该坚持夜间喂养。如果仅是安慰性的，应逐渐剔除夜间喂养。孩子睡眠时代谢慢，消耗少，且生长激素分泌相对旺盛，对生长非常有利，没有必要担心饿坏孩子而刻意叫醒孩子喂奶。

很多妈妈会跟麦兜妈妈一样，带着孩子睡大床。搂着孩子睡觉，比较容易出现多次夜间安抚性吃奶。建议妈妈与婴儿分床睡，减少婴儿夜间频繁夜醒情况。

0~2岁**男**宝宝身长曲线

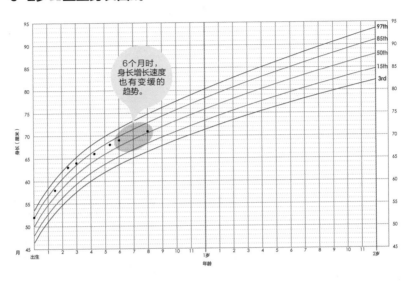

0~2岁**男**宝宝体重曲线

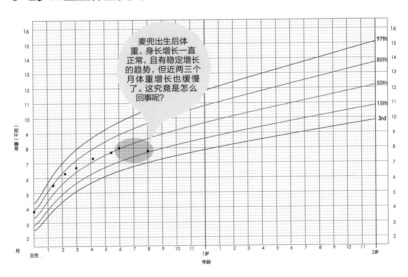

小宝宝，不是长得越快越好

宝宝小档案	
小优，女宝宝，6个多月	
出生时	身长52厘米 体重3.46千克
1个多月时	身长58.5厘米 体重5.2千克
4个多月时	身长68厘米 体重7.6千克
6个多月时	身长74.5厘米 体重9.5千克

　　小优出生后，因为某种原因，喂的一直是配方粉。小优胃口好，奶喝得很好，身长和体重都迅速增长，抱出去要比同月龄的宝宝高大不少，全家人都很高兴。

　　去体检时，医生提醒妈妈："宝宝长得太快了，应该适当减少喂养，多让他趴着运动。"父母认为，宝宝早期生长快，能为以后的生长奠定良好的基础。所以，在妈妈的"纵容"下，小优继续着她的好胃口，6个多月时，她每次要喝210毫升的奶，每天喝6次奶，还要吃两次辅食。

小优的生长有问题吗？
A.有问题，长得太快了。
B.没问题，孩子长得快是好事。

0~2岁女宝宝身长曲线

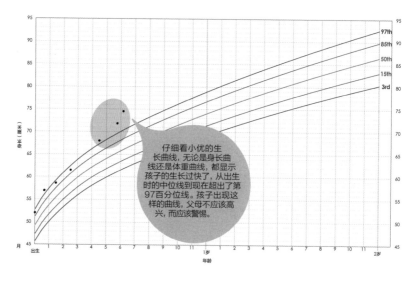

仔细看小优的生长曲线，无论是身长曲线还是体重曲线，都显示孩子的生长过快了，从出生时的中位线到现在超出了第97百分位线。孩子出现这样的曲线，父母不应该高兴，而应该警惕。

生长点评

　　小测试的答案是小优生长过快了。配方粉喂养的孩子，生长通常会快于母乳喂养的孩子，家长往往认为这是好现象，实际上，如果不注意运动和奶量的控制，会造成孩子生长过快，反而会对远期健康留下隐患。孩子早期如果生长过快，会增加身体各个器官的负担，而且会增加成人期发生慢性疾病的可能性，给孩子今后的健康埋下隐患。

➕崔大夫建议　　如果孩子出现生长过快的现象，一定要适当减少喂养量。平时还要想办法让孩子多运动，比如给他做被动操，多让他趴一会儿等，都能达到锻炼的目的。 家长一定要明确地知道一点：孩子不是长得越快越好，符合孩子生长规律的生长才是最自然的、最健康的。

0~2岁女宝宝体重曲线

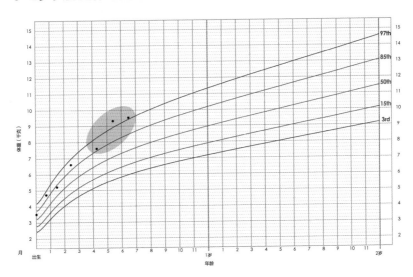

成人的保健方式不适合小宝宝

宝宝小档案
牛牛，男宝宝，10个月

出生时	身长50厘米 体重3.28千克
5个月时	身长68.5厘米 体重8.2千克
近8个月时	身长72.5厘米 体重9.3千克
近10个月时	身长74.5厘米 体重9.3千克

2个月的时间，牛牛的体重居然没增！妈妈觉得这事儿有点儿大了："出什么问题了，宝宝怎么不增体重，是不是病了？"姥姥不以为然："别大惊小怪的，没事，我给他减了主食，所以没长肉。"妈妈急了："您居然不让宝宝吃饱饭，难怪他不长肉。为什么要减他的主食？宝宝在长身体，主食很重要，不能少。"姥姥说："他个子不是长得挺好的吗？这不就行了。主食吃多了会发胖，应该多吃菜，少吃主食，这是电视里的保健节目说的，你不信我还不信电视吗？"

如果是你，你支持谁？
A.同意妈妈说的，主食不能减。
B.同意姥姥说的，宝宝的个子长就没问题，减少主食可以避免发胖。

0~2岁男宝宝身长曲线

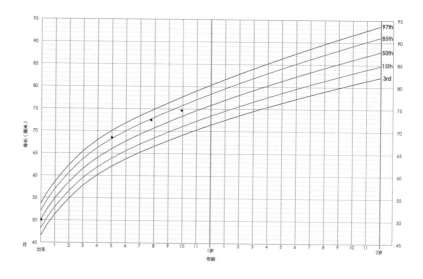

生长点评

　　姥姥按照保健专家给成人的养生建议，给孩子减少了主食，正是因为主食量摄入不够，导致体重停滞不前。可能有的家长和牛牛姥姥有一样的想法：只要身长在长，体重暂时不长也没关系，其实并不是这样。宝宝的生长出现问题，最快体现的就是体重，而身长的体现往往要滞后一两个月。所以，在牛牛的体重曲线出现问题时，身长曲线虽然正常，但只要再往后画一两个月，身长曲线肯定也会出现问题。

➕崔大夫建议　家长一定不能把成人保健的理念机械地用于孩子身上，成人确实要控制主食的量，以控制好体重。但孩子与成人特别是老年人不同，因为孩子处于快速生长期，体重和身长都要增长。

0~2岁**男**宝宝体重曲线

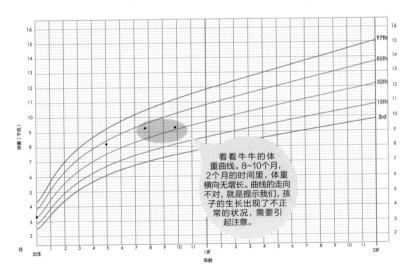

看看牛牛的体重曲线。8~10个月，2个月的时间里，体重横向无增长。曲线的走向不对，就是提示我们，孩子的生长出现了不正常的状况，需要引起注意。

宝宝吃不饱，生长受影响

宝宝小档案	
东东，男宝宝，6个多月	
出生时	身长50厘米 体重3.4千克
1个多月时	身长53厘米 体重4.3千克
2个多月时	身长59.5厘米 体重5.3千克
4个多月时	身长65厘米 体重7.1千克
6个多月时	身长69厘米 体重8千克

东东妈妈是母乳喂养的忠实拥护者，东东出生后，妈妈坚持纯母乳喂养，可是妈妈的奶水不太足，每天要喂上10次，累得不行，东东还是没吃饱的样子。

姥姥看不下去了："给宝宝加点儿配方粉吧，别饿着他。"妈妈不同意："母乳是宝宝最好的食物，加配方粉容易使宝宝过敏，不能加。"姥姥说："母乳是好，可你的奶不够怎么办？"妈妈坚持："让宝宝多吸几次，奶是越吸越多的，我有信心！"

该不该给宝宝加配方粉？
A.支持妈妈，应该坚持纯母乳喂养，一加了配方粉，宝宝吸吮乳房的机会就少了，母乳就会越来越少。
B.支持姥姥，母乳不够就应该及时添加配方粉，否则会影响宝宝的生长。

0~2岁男宝宝身长曲线

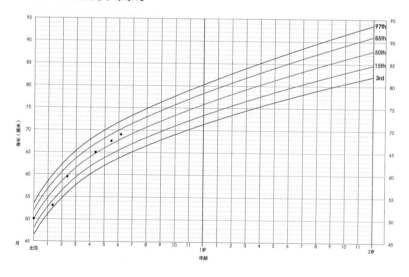

生长点评

　　判断母乳是否充足，需不需要添加配方粉，完全取决于孩子的生长状况，而孩子的生长状况如何，要通过生长曲线来判断。

　　看看东东的体重曲线，东东的体重增长速度一直在下降。他的体重到了2个月已经明显低于第50百分位线了。这说明什么？说明东东的体重增长缓慢，因为他的奶量不够，不足以支持他正常的体重增长。

✚ 崔大夫建议　任何时候我们都极力推荐母乳喂养，但并不是在任何情况下都要坚持纯母乳喂养，如果母乳真的不够，已经影响到了孩子的生长，必须添加配方粉，这样才能纠正孩子体重曲线异常的情况。

0~2岁男宝宝体重曲线

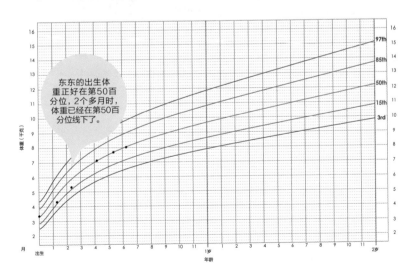

不是头围长得慢，而是体重长得太快

宝宝小档案 美美，女宝宝，4个月	
出生时	身长52厘米 体重3.41千克
1个月时	身长55.5厘米 体重4.44千克
2个月时	身长60厘米 体重6千克
3个多月时	身长63.5厘米 体重6.7千克
4个月时	身长66厘米 体重7.7千克

美美出生时体重和身长都属于中等，到4个月时，身长和体重已经到了正常值的最高位，长势这么好，妈妈心里很自豪。每次抱出去玩，美美妈妈都能听到这样的惊叹："你家宝宝才4个多月就长这么大个儿了？你是怎么喂的？快快传授经验！"对于美美的生长，妈妈还是有担心的事："崔大夫，你帮我看看孩子的生长曲线，我觉得有问题：她的身长和体重曲线都很好，但头围的曲线增长太慢了，要不要给她补钙或DHA啊？"崔大夫告诉她："你家孩子的生长曲线确实有问题。"

美美的生长曲线出了什么问题？
A.身长和体重曲线有问题，长得太快了。
B.身长和体重都很好，但头围和身长、体重曲线不相匹配，有些滞后了。

0~2岁**女**宝宝身长曲线

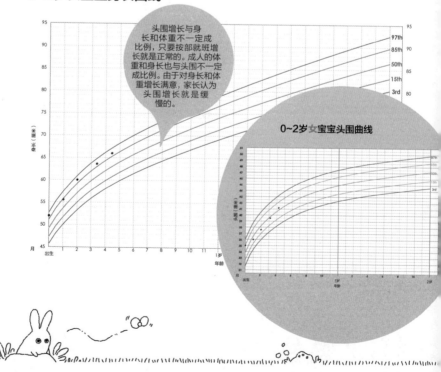

生长点评

　　美美生长曲线的问题，并不是如妈妈认为的头围长得过慢，而是身长、体重曲线出现了问题，是孩子长得太快了。

　　在她清醒时，家长应该让她多趴着，但家长担心趴多了会压迫孩子的胸部，影响孩子发育，所以不敢让她多趴。因为孩子运动不够，所以体重增长一直较快。

⊕ **崔大夫建议**　孩子出现了生长过快的现象，这种情况并非好事，因为孩子的身长和体重超出了她的年龄范围，但她的内脏器官还是按正常的速度发育，过高的身长、体重会令孩子的内脏器官不堪重负，那种感觉就像成人负重跑步，会很累，很伤身体。所以一定要让孩子多趴着，增加运动量，避免生长过快。孩子的头围完全正常，不用担心。千万不要认为头围增长缓慢，就应该补钙、DHA等。

0~2岁**女**宝宝体重曲线

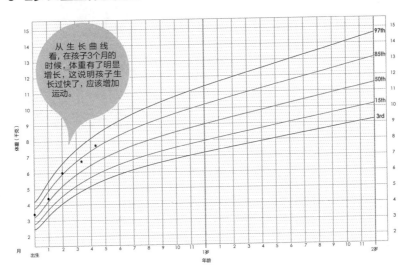

从生长曲线看，在孩子3个月的时候，体重有了明显增长，这说明孩子生长过快了，应该增加运动。

长得好不好，看曲线也要看发育

宝宝小档案	
忠忠，男宝宝，5个多月	
出生时	身长49厘米 体重3.4千克
1个月时	身长61厘米 体重5.2千克
3个多月时	身长70厘米 体重8.3千克
5个多月时	身长74厘米 体重9.3千克

忠忠从出生以来一直吃母乳。可是，小家伙吃奶有个不好的习惯，每次只吃5分钟，一侧乳房没吸干净就扭头不吃了。妈妈觉得可能是自己的母乳不足，担心忠忠没吃饱，所以，忠忠一哭，甚至只要他醒来，妈妈就把乳房塞他嘴里喂他奶，有时一天要喂10多次。让妈妈欣慰的是，忠忠的身长和体重都让她很满意，可是最近一次体检时，比别的宝宝高出一头的忠忠居然没有别的小朋友发育得好，连翻身都不会，这让妈妈吃惊又难受，这是怎么了？

忠忠为什么迟迟不会翻身？
A.练得少了，家长不训练，宝宝翻身就会晚。
B.宝宝太胖了，又不运动，所以翻身晚。
C.宝宝可能发育有问题。

0~2岁男宝宝身长曲线

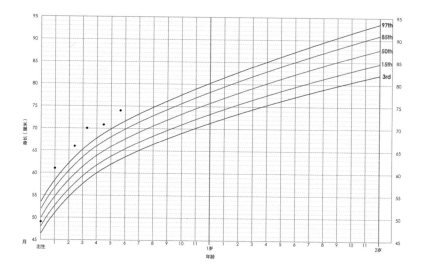

生长点评

　　孩子的生长状况如何，不能仅凭身长、体重的生长情况来判断，还要结合孩子的发育状况来分析。孩子为什么迟迟不会翻身？我们还是要通过生长曲线来分析，孩子生长速度过快了，是什么原因造成的？因为妈妈喂得太频繁了，导致孩子吃得过多，生长过快。体重比较重的孩子往往不爱动，如果家长再不注意让孩子多运动，孩子的大运动发育就可能比别的孩子要晚。

➕崔大夫建议　从现在起，家长要调整喂养的方式，以免孩子因为过度喂养而生长过快。

　　多让孩子做运动，可以在他醒着的时候让他趴着，别看这个简单的动作，对于孩子来说这是一项很好的运动呢。

　　继续监测孩子的生长，描绘生长曲线，以便及时发现问题。

0~2岁**男**宝宝体重曲线

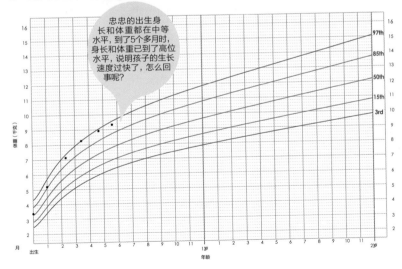

牛奶过敏影响了宝宝生长

宝宝小档案	
梅梅，女宝宝，4个月	
出生时	身长51厘米 体重3.46千克
1个多月时	身长55厘米 体重4.2千克
2个月时	身长58厘米 体重4.5千克
3个月时	身长62厘米 体重5.6千克
4个月时	身长64厘米 体重6千克

梅梅从出生起一直喂配方粉。妈妈发现每次喝奶时，梅梅都哭闹得很厉害，舌头往外顶，折腾半天喝下去的奶也不多，每次喂奶都跟打仗一样，一个攻，一个守。更令妈妈不安的是，梅梅的体重增长情况也不好，从1个月到2个月，梅梅只长了0.3千克，这到底是什么原因？

梅梅为什么一喝奶就哭？
A.因为肠绞痛。很多小宝宝都是因为肠绞痛而哭闹，过一段时间自然就好了。
B.因为梅梅对牛奶过敏。因为喝了奶不舒服，所以哭闹。
C.因为梅梅不接受奶瓶，所以拒绝喝奶。

生长点评

梅梅妈妈说，当时她以为孩子是肠绞痛，可做了相应的治疗后，却没有任何效果，心里很着急。

肠绞痛的孩子，哭闹时给他喂奶或让他吸吮安抚奶嘴，哭闹就会缓解。而梅梅是一到喝奶就哭，不像是肠绞痛，而应该与牛奶过敏有关，所以造成增长变缓的情况。在医生的建议下，家长将普通配方粉换成部分水解配方粉。过了1个月，家长反映孩子情况好转了许多，不仅哭闹减少，体重增长也明显恢复。

➕崔大夫建议　配方粉与母乳有比较大的差异性，母乳是最适合孩子的，所以建议家长尽可能母乳喂养。如果因为各种原因只能喂配方粉时，在孩子6个月之内建议添加部分水解配方粉，因为小婴儿耐受普通配方粉的能力有限，容易出现牛奶过敏。

0~2岁**女**宝宝身长曲线

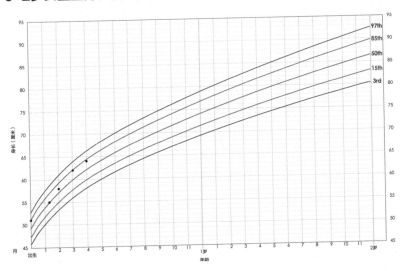

0~2岁**女**宝宝体重曲线

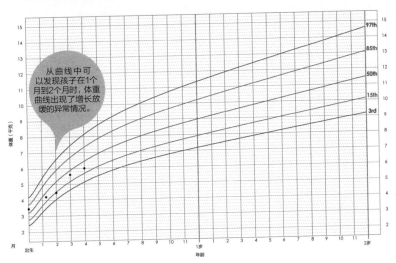

从曲线中可以发现孩子在1个月到2个月时，体重曲线出现了增长放缓的异常情况。

第50百分位不是生长正常与否的标准

宝宝小档案	
胖胖，男宝宝，3个月	
出生时	身长48厘米 体重2.65千克
1个月时	身长56厘米 体重4.1千克
2个月时	身长60.5厘米 体重5.8千克
3个月时	身长63厘米 体重6.8千克

胖胖出生后一直是母乳喂养。妈妈抱着胖胖在小区里散步，好几个同月龄的宝宝比胖胖重，妈妈开始担心了。满月时，妈妈看着体重曲线还达不到第50百分位的标准，又联想到小区里的宝宝都比自家宝宝重，便开始怀疑自己的母乳不够，没让宝宝吃饱，和家里人商量后，一致决定给胖胖加些配方粉。胖胖很配合，无论是母乳还是配方粉吃得都很好，这之后，胖胖的体重开始明显增加，一家人满意极了，这样真的就好吗？

你认为宝宝的生长达标吗？
A.身长或体重没有达到第50百分位水平说明孩子生长不够好，没有达标。
B.孩子的体重原来就在第50百分位线以下，他的体重增长速度是正常的。

0~2岁男宝宝身长曲线

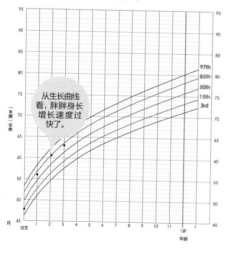

0~2岁男宝宝体形（身长别体重）曲线

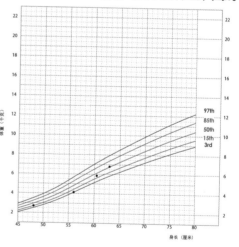

生长点评

从孩子的体重曲线可以看出：这样的增长速度太快了，要引起注意！因为妈妈看到孩子的生长没有达到第50百分位线的水平，认为孩子体重不达标，在没有必要的情况下给孩子加了配方粉，造成了孩子生长过快。

不能以第50百分位线水平作为达标标准，因为每个孩子出生时的状况不同。单看某个点，会觉得孩子的生长不够好，而连续地观察，孩子的生长可能是很好的，胖胖就是这样的例子。

✚ 崔大夫建议　不要因为孩子没有达到你心中的标准而想办法让他增加体重，这样会干扰孩子自然生长的节奏，对孩子的生长反而不利。孩子早期体重增长过快，容易增加今后患成人慢性疾病的风险。所以，观察孩子的生长曲线，不能看某个点，而要动态地看曲线的走势。

0~2岁男宝宝体重曲线

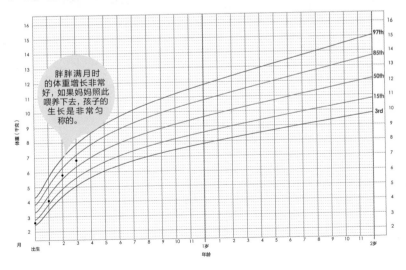

胖胖满月时的体重增长非常好，如果妈妈照此喂养下去，孩子的生长是非常匀称的。

散养的宝宝长得好

宝宝小档案	
栋栋，男宝宝，21个月	
出生时	身长52厘米 体重3.92千克
6个多月时	身长68厘米 体重8千克
8个多月时	身长72厘米 体重8.4千克
15个月时	身长78厘米 体重9.4千克
21个月时	身长88厘米 体重13千克

栋栋前6个月纯母乳喂养，生长曲线趋势很好。6个月后开始添加辅食，家人变着花样做辅食，烂面条、南瓜泥、鸡蛋羹、胡萝卜泥等轮番上阵，可栋栋每次只吃几口就紧闭小嘴，妈妈和奶奶各种威逼利诱也无济于事。家人很为栋栋体重增长缓慢发愁。好在15个月时妹妹出生了，家庭重心转移，没人追着喂饭，没了零食，栋栋反而胃口大开，自己吃得津津有味。21个月时体检，家长意外地发现栋栋体重增加了好多。

以下两种说法，支持率相差不大，你会支持哪个？
A.这么吃才健康，还得多吃一点，都不如邻居同月小女孩重呢。
B.吃了多少不重要，孩子是否健康活泼、有活力才是最重要的。

0~2岁男宝宝身长曲线

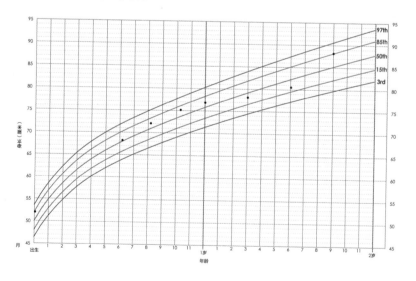

生长点评

　　"再吃一点！"这是很多家长的口头禅。但这种关爱，其实是一种强迫，并有可能会影响到孩子的生长发育。

　　二宝的到来，让栋栋体验了散养的好处，没人追着喂，没了零食，他学会了主动进食，不仅吃得开心、吃得多，一日三餐也规律起来，体重自然增长了。其实，理性的家长在关心孩子吃什么的同时，更要关心孩子是否吃得愉悦，孩子的健康活泼、有活力正是孩子正常发育的晴雨表。

✚ 崔大夫建议　作为父母，提供均衡营养的食物，放松自己并相信孩子，这是最佳的选择。即便孩子偶尔不吃你精心制作的美食，也不要强迫他，不要给零食，孩子必须等到下一顿正餐时间才能进食，因为这样他们才会有更好的胃口。

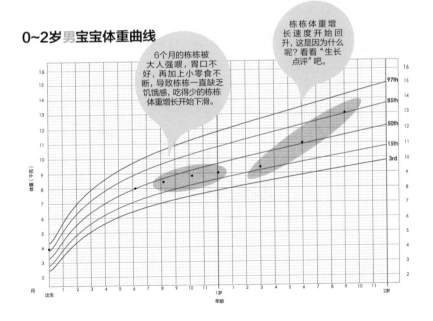

生长曲线，需要连续监测

宝宝小档案	
小黑，男宝宝，6个月	
出生时	身长52厘米 体重3.1千克
1个月时	身长55厘米 体重4.2千克
2个多月时	身长59厘米 体重5.2千克
4个多月时	身长63.5厘米 体重6.65千克
6个月时	身长66.5厘米 体重7.4千克

小黑活泼可爱，抱出去大家都爱逗他。可是，最近妈妈却有点儿郁闷，因为小区里十几个同龄宝宝在一起比，小黑的身长和体重居然比不过别的宝宝，而且有好几个女宝宝的身长和体重都超过了小黑。妈妈回来就嘀咕："咱们家宝宝吃得也不少啊，怎么就长不过别的宝宝呢？是不是身体出了什么毛病？要不就是咱们给他吃得不对。"爸爸看她一眼："你想多了。咱们家宝宝吃得好、睡得好，身体好得不得了，有什么好担心的。"

小黑妈妈的郁闷，你也有过吗？
A. 有过。我们宝宝总是比别人矮半头，体重也不如别的宝宝，虽然宝宝没什么异样，但心里总是不放心，而且总觉得自己没喂好宝宝。
B. 没有。我们不跟别人比，只要我们宝宝吃好睡好玩好，我就不担心。

0~2岁**男**宝宝身长曲线

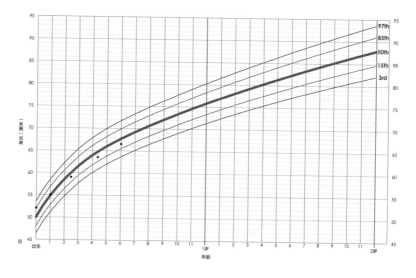

生长点评

　　从生长曲线看，某1个点略显偏低，但是小黑生长曲线的发展趋势是比较平稳的，这说明孩子的生长是正常的。小黑的身长、体重始终都不在高水平上，为什么要画生长曲线？就是要动态地监测孩子的生长情况，看孩子生长的趋势如何，这样才能准确地对孩子的生长状况做出判断。

➕ 崔大夫建议　　千万不要认为只有超过第50百分位线才是正常，才叫达标。如果一味想往高百分位走，可能会导致喂养过度。

　　生长评估不是靠数字，而是需要连续监测。每个孩子出生时的身长和体重不同，家长的身高和体重也不同，单拿同月龄孩子的身长和体重来比较是不科学的，而且会增加不必要的烦恼。

0~2岁**男**宝宝体重曲线

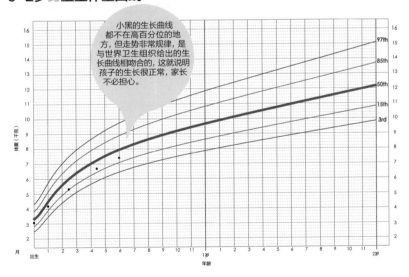

生长曲线不能只看单点位置

宝宝小档案	
小螃蟹，男宝宝，4个多月	
出生时	身长52厘米 体重4.43千克
1个多月时	身长61.5厘米 体重5.9千克
2个月时	身长63.5厘米 体重6.9千克
4个多月时	身长71厘米 体重8.6千克

妈妈拿着描出来的生长曲线愁眉苦脸地来到诊室："大夫，您帮我看看，我家宝宝是不是长得太快了，超重了？他的身长和体重的曲线都超出正常值的最高限了。要是这么长下去，他还不得长成个小胖子啊？是不是该给他减少点儿奶量？或者是多让他运动运动，好让他的曲线恢复正常？"

看一看生长曲线图，你认为小螃蟹的生长是正常的还是异常的？
A.很正常啊，无论是身长曲线还是体重曲线，弧度都和参考曲线很相似，说明宝宝的生长没问题。
B.不正常。好些点都超出了第97百分位，只要是高于第97百分位或低于第3百分位的，都应该看作是不正常。小螃蟹明显是生长过快了，有肥胖的风险。

生长点评

这位妈妈完全不用担心孩子的生长曲线出问题了，这是一例正常生长的案例。**与前1个案例小黑相比，小黑与小螃蟹身长和体重的净测量值明显不同，但生长曲线的走势都显示他们的生长状况良好，而曲线的位置不同，是因为他们出生的基础不同。**

➕**崔大夫建议** 不要单从曲线的位置来判断孩子的生长是否正常，要看孩子出生时的体重和身长在什么位置，只要它一直沿着这个位置走，说明他的生长轨迹是正常的。

不用给孩子减奶量，这样会影响他的生长。可以让他在清醒的时候多趴着，这样做的目的不是改变曲线，而是多运动对孩子的健康成长确实有好处。

0~2岁男宝宝身长曲线（小黑）

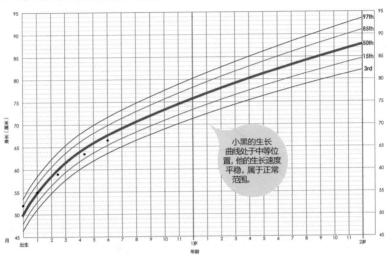

小黑的生长曲线处于中等位置，他的生长速度平稳，属于正常范围。

0~2岁男宝宝体重曲线（小黑）

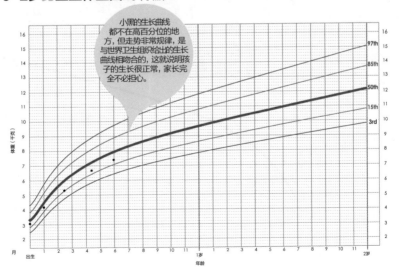

小黑的生长曲线都不在高百分位的地方，但走势非常规律，是与世界卫生组织给出的生长曲线相吻合的，这就说明孩子的生长很正常，家长完全不必担心。

0~2岁**男**宝宝身长曲线（小螃蟹）

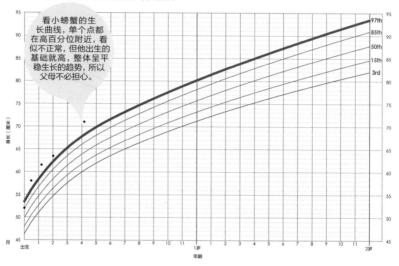

看小螃蟹的生长曲线，单个点都在高百分位附近，看似不正常，但他出生的基础就高，整体呈平稳生长的趋势，所以父母不必担心。

0~2岁**男**宝宝体重曲线（小螃蟹）

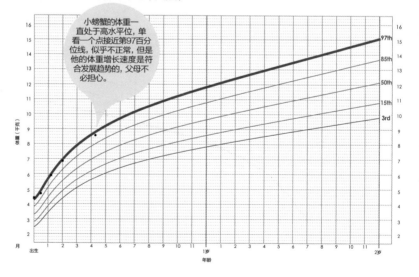

小螃蟹的体重一直处于高水平位，单看一个点接近第97百分位线，似乎不正常，但是他的体重增长速度是符合发展趋势的，父母不必担心。

第三章

生长热点

逃不掉的话题

激素使用会不会对孩子有影响？不长个儿可是个令人头疼的事儿！宝宝肠绞痛真让人揪心！过敏了怎么办？你是不是也困惑着……

缺钙会影响长个儿吗？

　　李玲的宝宝7个多月的时候家人认为孩子有一点缺钙，她带着宝宝咨询医生，医生说这是正常的，孩子在这个月龄需要补维生素D，而不是钙，至于钙的摄入，以后只要在饮食上注意就行了。虽然医生已经建议不用补钙了，但李玲还是有些担心，什么也不做，总觉得心虚，但她也不敢随便补，到底该怎么办呢？

崔大夫观点　　**缺钙是补还是不补**

　　缺钙，是补还是不补？到底怎么做才是遵循自然规律呢？缺钙，找到缺钙背后的原因，才是真的顺应宝宝的生长发育。如果只是一味地补钙，反而不自然了。不自然是因为你的方式出错了，没有尊重宝宝的生长发育规律。

缺钙影响生长，但补钙未必能够保证生长

　　缺钙确实会影响长个儿。这跟骨头生长过程有关。骨头是先长两端，中间相对空，钙才能沉积在骨头上，骨头才能继续生长。骨骼的生长就好像盖房子，先把架子搭起来，然后再一层层垒砖，搭架子好比骨头从两端生长，而骨骼生长需要的"砖"就是钙。钙是骨骼形成的原材料。骨头先要拉长，有空隙了，钙才可以往上面沉积。因此，缺钙确实会影响长个儿。

　　但补钙却不一定能够保证长个儿。因为骨头拉长才是前提，如果骨头没有拉长，钙就没有地方可以附着沉积了。因此，骨密度低并不一定意味着缺钙。因为此时人体会动用体内储存的钙往骨骼上沉积，所以家长也不用太紧张。

补钙观念大升级：补钙→补维生素D

　　缺钙肯定影响长个儿，但孩子个子矮却不一定是因为缺钙。现在的年轻父母小时候都补过钙，因为那时候食物远没有现在这么丰富，

很多孩子都缺钙。而现在，饮食种类、饮食结构都发生了很大变化，孩子的饮食很丰富，身体所需要的钙从食物中摄取就足够了，缺钙已经不成为主要问题。所以，对于钙，现在应该改变思路，关注的重点不再是缺钙，而应该考虑钙是不是得到了充分的吸收和利用。

钙主要是作用在骨骼里，孩子的生长，就是骨骼的延长。而个头往往是判断孩子生长的一个很重要的指标，骨骼延长个头才能长高，因此，家长很重视补钙，但家长不了解的是，钙的利用才是应该被关注的，如果钙得不到充分利用，即使补得再多也没有效果。如果食物中的钙利用得好，就完全能够满足孩子生长的需要，不必额外补充钙剂。

关注补钙，应该先关注补充维生素D，维生素D足够，才能保证钙的吸收。否则，即使吃再多的钙，没有维生素D的作用，钙不能进到骨骼里，被骨骼所吸收，骨骼发育也会受到影响。如果家长不了解维生素D与钙的关系，只是一味补钙，最常见的一个副作用就是会引起孩子便秘，因为钙质不能被吸收，在肠道中形成钙皂，从而导致便秘。

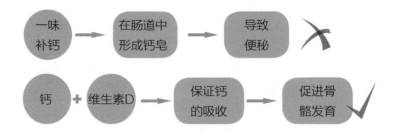

崔大夫建议　　　查查维生素D水平

　　有的家长提出，**既然维生素D那么重要，那就多补点儿吧，不行！因为维生素D是脂溶性维生素，吃多了会中毒。**吃多了不行，吃少了也不行，那怎么补？

　　我们建议孩子在不同的年龄补充不同量的维生素D，特别是纯母乳喂养的孩子，一天至少要补400个国际单位的维生素D，但补了以后，孩子体内的维生素D有效量、有效浓度是否都一样？这要检测了才能知道。比如，我们每个人吃一个馒头，但并不是每个人长的肉都是一样的，因为每个人的吸收率不一样，同样400个国际单位的维生素D，不同的孩子吃了以后产生的效果也不一样。那怎么办？方法很简单，去查一下孩子体内维生素D的水平。

　　现在很多家长都会带孩子去查微量元素，看看孩子体内的钙够不够，这是一个误区。我们更应该关注的是：先考虑孩子体内维生素D的水平够不够。如果检测出孩子体内的维生素D水平低了，就要增加补充量。如果维生素D水平高了，就要减少补充量。

佝偻病会影响生长吗?

　　小佳常常带着宝宝去小区花园玩。几个邻居妈妈一说起宝宝长个儿的事儿就没完没了。"最近,我家宝宝胃口特别好,长了好几厘米呢。""孩子见太阳长得快,就得经常出来晒太阳。""最近给宝宝各种补呢,钙太重要了,万一得了佝偻病,将来肯定是个矮子。"……小佳觉得邻居妈妈的意见听起来都非常有道理。可她最关心的还是:"佝偻病是否是缺钙造成的?佝偻病会影响孩子的生长吗?"

崔大夫观点 佝偻病会影响孩子的生长

佝偻病多发生于2～3岁前的孩子。初期表现以精神症状为主，如不活泼、爱急躁、睡不安、易惊醒、常多汗。因为多汗，当然就有可能出现枕秃。如果进一步发展，就会出现骨骼的变化。

佝偻病孩子常见表现

月龄	常见表现
3～6个月的孩子	在枕骨、顶骨中央处的骨骼，出现类似乒乓球样的弹性感觉，称为颅骨软化。
8～9个月以上的孩子	● 额、顶部对称性的颅骨圆突，称为方颅。 ● 前囟门过大而且闭合延迟。（正常婴儿一般在18~24个月左右，即可闭合） ● 牙齿萌出延迟。（超过1岁还未出第一颗牙） ● 胸廓下部几根肋骨在与肋软骨的交界处有似珠子样的突起，称为肋骨串珠，还有的孩子有肋骨外翻。 ● 严重者出现鸡胸，以及今后可出现的O形腿、X形腿，脊柱可出现后弯、侧弯等现象。

佝偻病真正原因是缺乏维生素D

想要提醒家长的是，关注补钙，首先应该关注补充维生素D。维生素D足够，才能保证钙的吸收，否则，即使吃再多的钙，也会大多流失，骨骼发育就会受到影响。所以，佝偻病一词准确的全称是维生素D缺乏性佝偻病，而不是缺钙性佝偻病。也就是说，维生素D缺乏性佝偻病主要是由于体内维生素D不足，致使钙、磷代谢失常的一种慢性营养性疾病，"缺钙"表现是继发于维生素D不足的病状。

从关注补钙，到关注钙的吸收

钙主要是作用在骨骼里，孩子的生长，就是骨骼的延长。而个头往往是判断孩子生长的一个很重要的指标，骨骼延长个头才能长高。家长很重视补钙，因为父母或祖父母们小时候普遍都补过钙，那时候食物远没有现在这么丰富，很多孩子都缺钙。而现在，孩子的饮食很丰富，身体所需要的钙从食物中摄取就足够了，缺钙已经不再是普遍问题。

所以，对于钙，现在应该改变思路，关注的重点不再是缺钙，而应该考虑钙是不是得到了充分的吸收和利用。如果钙得不到充分利用，即使补得再多，最终也没有效果，而如果利用得好，食物中的钙就完全能够满足孩子生长的需要，不必额外补充钙剂。

⊕**崔大夫建议** ● 建议孩子在不同年龄补充不同量的维生素D。特别是纯母乳喂养的孩子，一天至少要补400个国际单位的维生素D。

● 因为每个人的吸收率不一样，同样400个国际单位的维生素D，不同的孩子，吃了以后效果也不一样。那怎么办？方法很简单，去查一下孩子体内维生素D的水平。只要查一下手指血，很快就能出结果。如果检测出孩子体内的维生素D水平低了，就要增加口服的量。如果维生素D水平高了，就要减少口服量。

● 给孩子选择维生素D，同样要选择"个性版"的，也就是适合孩子的，而不是什么产品都能用。

养育要跟上步伐

在养育孩子的过程中，我们会听到很多的建议：老人的、邻居的、闺密的、同事的……不能说他们的建议是错的，但往往是基于他们的生活背景、生活经验。在食物缺乏的背景下，这些经验确实有用。现在食物充裕了，孩子成长的环境不同了，经验也许就不适合了。在我们接受一个建议之前，要先了解为什么要那么做，思考一下这种建议现在适合不适合自己的孩子。

就像维生素D，过多过少都有害，而且过多或过少在人体中引起的症状几乎相同，究竟要不要补，要补多少，现代医学已经有更科学、更简便的方式来应对这些问题。养育孩子时，跟上技术更新的步伐，会让孩子的成长少走弯路。

早产宝宝如何追赶生长？

　　张晓的同事提早生下了宝宝，因为是早产儿，同事很担心："听说早产儿可以追赶生长，不知道是不是所有的早产儿都能追得上正常孩子的身长体重？"张晓说："早产宝宝喂养可能更需要耐心、细心，你还是要多问问医生，以免宝宝以后生长不好。"

⊕ 崔大夫观点　追赶性生长是指早产宝宝出院后的最初几年，需要追赶以至于达到足月儿出生后的生长状况。追赶性生长取决于早产宝宝的胎龄、出生体重、疾病程度、住院期间营养和出院前的生长状况等多种因素，个体之间的差异很大。由于早产宝宝的追赶生长常表现在1岁以内，尤其是出生后前半年，因此校正月龄6个月以内理想的体重增长水平，应在同月龄标准的第25～50百分位之间。

⊕ 崔大夫建议　妈妈想知道是不是所有的早产宝宝身长、体重都能赶上正常水平，这也是所有早产儿家长关心的问题。

通常来说，大多数早产宝宝纠正年龄在1~2岁内，身长和体重就能赶上正常足月儿的水平。不过，也有少数早产宝宝的生长曲线可能始终都会比平均值要低一些，这可能是因为有些早产宝宝在妈妈子宫中就存在着宫内发育迟缓的问题；还有可能是因为有些早产宝宝在出生后的前几个月由于生病或没有获得足够的营养的问题。为了能让早产宝宝在2岁追赶上足月宝宝的水平，在宝宝追赶性生长的这段时间内，家长要尽可能给宝宝提供充足而均衡的营养，尽量做好护理工作，保证他有良好的睡眠和适量的运动，使他获得尽可能充分的追赶性生长。

早产宝宝的力量

虽然宝宝提早到来，但宝宝仍然有着顽强的身体，只要呵护适当，他们会追赶上足月宝宝的脚步的。作为妈妈，不要太过焦虑，良好的心态能够树立你们照顾好宝宝的信心，也能将你们的信心传递给宝宝。

早产儿也可以用同样的生长曲线吗?

　　文文怀孕26周就生下了宝宝,听大家说要给宝宝画生长曲线,于是她也下载了一份生长曲线图,开始给宝宝画生长曲线。体检的时候,文文带着宝宝的生长曲线给医生看,医生却告诉她:"你的宝宝是早产儿,不能用这种生长曲线,要用早产儿专用的生长曲线。"

➕**崔大夫观点**　早产儿有专门的生长曲线，孩子是26周出生的，应该使用早产儿生长曲线，这样才能正确监测孩子的生长情况。

　　但是，早产儿生长曲线也不能一直用下去。**早产儿生长曲线只能用到矫正孕周50周。以后就可以使用正常足月婴儿生长曲线，但要用虚线连接两点。前面是矫正孕周测量值，后面是实际出生孕周测量值。**这样既可知道矫正孕周下生长状况，又能获得出生后追赶性生长的效果。更加方便准确地监测孩子的生长状态。

➕**崔大夫建议**　我们还是用一个实际案例来告诉大家，怎么来画早产儿的生长曲线。

　　我们先把孩子的每个生长点在相应的位置点出来，在矫正孕周到50周时，改用正常的生长曲线，同时用虚线连接两点。

　　早产的孩子出生时身长和体重都远远比不上足月出生的孩子，但这么比对早产儿来说是不公平的。因为他还没长到那个月龄，如果用正常的生长曲线来画，不仅不能正确判断孩子的生长情况，也会给家长带来很大的焦虑。

　　从孩子的生长曲线我们可以看出，孩子出生后的身长和体重的增长情况都很好，到了1岁时，已经实现了追赶生长。

宝宝小档案	
早早，男宝宝，1岁，早产儿	
26＋2周出生	身长36厘米 体重0.96千克
3个多月时	身长51厘米 体重3.3千克
4个多月时	身长60厘米 体重5.4千克
5个多月时	身长62厘米 体重6.9千克
7个多月时	身长68厘米 体重8.5千克
近10个月时	身长74厘米 体重9.8千克
1岁时	身长75厘米 体重9.9千克

0~2岁男宝宝身长曲线

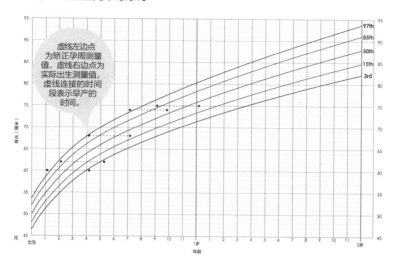

0~2岁男宝宝体重曲线

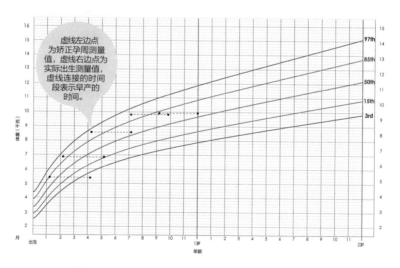

0~2岁**男**宝宝出生时孕周曲线

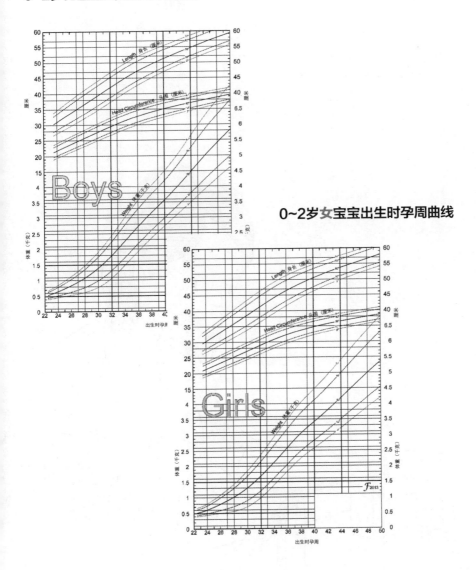

0~2岁**女**宝宝出生时孕周曲线

怎么发现早产宝宝生长迟缓?

　　丁宏的早产宝宝已经快2个月了,虽然宝宝吃得好,睡得好,可她左看右看,总是觉得自己的宝宝长得不够好:"宝宝是不是长得不够快?听说早产宝宝会出现生长迟缓的情况,我怎么才能知道他是不是生长迟缓啊?"

➕**崔大夫观点**　宫外生长迟缓是指出生后的身长、体重或头围低于同胎龄出生婴儿的第10百分位线水平。我们国家早产宝宝发生宫外生长迟缓的比例远远高于国外，主要是由于早期营养摄入不足造成的。

宫外生长迟缓对早产儿的负面影响不仅限于近期和远期的体格生长和相关并发症，还会对孩子的神经系统的发育，以及认知和学习能力产生一定的影响。因此，减少发生宫外生长迟缓的风险对保证早产儿健康成长至关重要。

➕**崔大夫建议**　虽然宝宝的发育速度各不相同，但大部分都在遵循一个基本的时间轨道。不过，早产的宝宝可能会慢几周或几个月。如果宝宝在通常年龄的几周后还没有达到某些发育里程碑，最好咨询一下医生的意见，下面的早产儿发育迟缓迹象表可以供家长做参考。

早产儿发育迟缓迹象表

校正月龄	发育迟缓迹象
新生儿~2个月	2个月后：把躺着的宝宝抱起来时，他不能抬头；感觉身子特别僵直或软弱无力；抱在怀里时，他会把头和脖子使劲朝外挣，好像想把你推开。 两三个月后：抱他时，他的腿/手会发硬，交叉起来。
3~6个月	三四个月时：不会抓握或伸手够玩具；抬头有困难。 4个月时：不会把手往嘴里塞；双脚挨着硬地时，腿不知道向下使劲。 4个月后：还有新生宝宝的惊吓反射，朝后倒或受惊吓时会伸出胳膊和腿，伸长肚子，然后很快把胳膊缩回来，并开始哭。 五六个月后：还有不对称颈紧张反射。当他的头转身一侧时，那一侧的胳膊就会发直，而另一侧的胳膊则会弯曲，就好像拿着一把剑一样。
7~8个月	7个月时：被拉起成坐姿后，头抬不起来；不能把东西放进嘴里；不会伸手够东西；双腿不能支撑一定的重量。 8个月时：不能独立坐。
9~12个月	10个月时：爬时身体向一侧倾斜，只用一侧的手和腿用力，另一侧拖着。 12个月时：还不会爬；有支撑也不会站立。
13~24个月	18个月时：不会走路。 学会走路几个月后，走起来还不自信或一直踮着脚尖走路。
36个月	经常摔跤或不会爬楼梯；总流口水；不会摆弄小物件。

身高预测公式靠不靠谱?

梅梅的儿子3岁多，每次见到同龄的小朋友，她总喜欢让儿子和人家比比身高，每次比赢了她就能踏实一段，一旦比输了，她就会无比焦虑。毕竟，自己和老公的身高都不占优势，万一将来儿子长不高可就糟糕了。最近，她还特意给儿子做了一个身高测试，结果是孩子将来能长到1米7。梅梅更加郁闷了：现在的孩子很多都能长到1米8，儿子才1米7不就是矮子嘛。她现在很纠结："身高预测可靠吗?孩子怎样才能猛长个儿?"

➕ 崔大夫观点　　**身高预测有点儿道理，但不严谨**

　　身高预测公式仅仅是个预测，可以作为孩子身高的一个参考值，但较真儿则不行，因为预测是不够严谨的。为什么说可以作为一个参考值呢？因为身高确实受遗传因素的影响，这个公式就是根据父母的平均身高和孩子现在的身高来预测的。那为什么又说不够严谨呢？因为决定身高的后天因素还有很多。比如，孩子特爱运动，营养状况好，平时很少生病，那么，这孩子将来就会长得相对高一些。反过来说，如果预测的这个孩子，将来进食不好，常生病，也不爱运动，那么最后的身高和预测的身高可能就会有很大的差别。

用心的父母，孩子可能会长得高

　　不少个子不高的父母都担心孩子日后长不高。其实，孩子的身高受多种因素影响，既有遗传因素，又有后天因素，疾病、身体发育、营养、运动，以及生活的环境等都会对孩子的身高有影响，不能单纯看遗传因素。有趣的是，那些预测孩子矮的家长最终会认为预测公式不准。为什么呢？因为当时的预测结果给了他刺激和压力，他觉得不能让孩子矮，一定会在护理、营养、运动等方面努力给孩子补足。而正是因为家长的努力，孩子最终的身高会超过预测结果，长得比父母高得多。这一点可从日本人、中国人的身高变化趋势中得到印证。

评价孩子长个儿，要学会看骨龄

　　在不同时期，评价孩子生长的时候，一定要结合骨龄和生长趋势来看，不要认为孩子现在长得矮，将来就一定矮。一般情况下，儿童的骨龄与其实际年龄是一致的，但也有的孩子骨龄比实际年龄小，这种情况下即便他个儿不高，也很有可能属于骨骼晚长的情况，还有生长的潜力，家长也不用太过担心。如果真要打生长激素，可能导致的问题会更严重。

➕ **崔大夫建议**

● **保证孩子充足的睡眠。** 人体80％的生长激素是在睡眠中产生的，生长激素的分泌量在夜里12点左右达到高峰，早晨5点后生长激素分泌量逐渐下降。所以保证孩子能睡足睡好，对长个儿很重要。

● **保证孩子营养均衡。** 如果孩子成长过程中得不到全面均衡的营养，摄取的食物不健康、不全面，那么就会影响他的长个儿。

● **保证孩子运动合理。** 合理的锻炼可以促进骨骼和肌肉强壮，从而促进生长。姚明为什么能长得那么高？除了遗传父母的基因外，打篮球也起到至关重要的作用。

● **家长需要了解孩子自身的生长规律，要知道如何在营养和运动方面帮孩子下功夫。** 如果一遇到生长问题，就随便滥用生长激素，反而会阻碍孩子的生长发育。

自然生长这件事

孩子的身高及生长快慢确实都跟遗传因素关系密切，但是遗传不代表结果，后天的努力同样重要。

想让孩子能长得更高，父母除了给他足够的物质营养、保证他合理的运动，爱更不可缺少。一个生活在爱的包围中，整日快乐的孩子，能够吃好、睡好，身体也就当然发育得更好了。

对于孩子长个儿的问题，我们要有理性的心态。遗传无法改变，但只要父母用心了，努力了，就会有较好的结果，孩子很可能比父母长得高。

父母必读　养育科学研究院　Parenting Science

97

为什么他不如别的宝宝长得快？

　　妈妈们带着各自的宝宝在聚会、玩耍时，自然免不了问问你家宝宝多大了，宝宝身长、体重多少啊？不比的时候，小慧还觉得自家宝宝长得不错，一比才发现，宝宝的身长居然是同月龄宝宝里倒数的，大家都觉得她家宝宝长得不够好，这回小慧心里没底了。她很郁闷："为什么我的宝宝不如别的宝宝长得快？是长得越快越好吗？"

崔大夫观点　　**生长发育的误读**

在孩子的生长发育方面，家长很容易出现两种被误导的情况：一是把邻家孩子当标准，二是担心孩子输在起跑线上。

把邻家的孩子当标准的家长，总是觉得人家的孩子比自己家的孩子长得好，越比心里越没底，又是羡慕别人又是心里惭愧。而担心孩子输在起跑线上的家长，心里更是诚惶诚恐，害怕自己一旦不注意，孩子就比别人起跑晚了，落下了。

这样的两种心理，让家长在面对孩子的生长发育时，多好都总觉得不够好，这会令他们在孩子的生长发育上找不到目标，因为没有目标，所以无论孩子是什么情况，都觉得不是理想状态，更加焦虑。这和孩子生病时家长的目标还不一样，孩子生病的时候，家长的目标都很明确：别再咳嗽、发热退下去了、治好腹泻了……当这些情况得到解决，他的目标达到了，就会心安。而因为生长发育没有目标，所以家长心里总是不安。

崔大夫建议　　**生长曲线，让没底的心安定下来**

怎么解决家长的这种焦虑？办法很简单也很有效：给孩子画生长曲线。从网上下载一套生长曲线图（父母必读育儿网http://www.fumubidu.com.cn），定期将身长和体重在表上描绘出来，然后连成线，就是孩子独一无二的生长曲线图，这也是一种成长日记。画生长曲线相对来说是最科学、最准确的，因为它有动态性，通过曲线能看到孩子生长的变化趋势，长得快还是慢，哪段时间的生长有异常，都

能通过生长曲线看出来。

　　生长曲线不仅可以反映孩子真实的生长情况，还可以缓解家长的焦虑心理。举个例子：两个同时出生的孩子，一个出生体重3千克，另一个出生体重4千克。正常生长状态下，第一个孩子最起码在两年之内是比不过第二个孩子的。如果第一位家长拿另一个孩子当标准比，那这两年她将过得无比痛苦，心里总在纠结自己的孩子比不过别人。这样的心理，就会造成家长在饮食上对孩子过度关注，希望孩子越快赶上别的孩子越好，结果就可能出现喂养过度、孩子肥胖等情况。

关键是怎么"比"

　　任何一个父母都会拿自己的孩子跟别的孩子进行比较，不管怎么比，和谁比，总之都要比。所以，比是常态，如果说让他们以后别再比了，那真是很难。

　　比较可以有，关键是怎么比，怎么在比中发现问题。有的家长不是拿着生长曲线比，而是拿邻家的孩子来比；或者有的家长虽然拿着孩子的生长曲线比，但并不是全面的、动态地比，而是拿着生长曲线的某一个点的值来比，比如身长值、体重值，这样就会出现新的苦恼：不是觉得孩子瘦了就是觉得孩子矮了，这样的比较，都会造成家长的各种焦虑，也会带给孩子成长的压力。

父母必读 养育科学研究院
Parenting Science

生长曲线不是"完美"曲线，是小阶梯状，正常吗？

　　妍妍一生下来，妈妈就认真给她画生长曲线。妈妈发现：妍妍的身长生长连成曲线一点儿也不弯曲，像一个小阶梯，这是怎么回事呢？是妍妍的生长发育不正常吗？

✚ **崔大夫观点** **身长（身高）生长不是一个匀速的过程，曲线也会有波动**

　　孩子的身长（身高）生长不是一个特别均匀的增长，而是呈小阶梯状，即有一段时间会长得相对快一点，接下来一段时间似乎慢一点，而再下一段时间又似乎变得快了起来……所以家长在画生长曲线的时候会发现孩子的身长（身高）生长曲线画得不是那么平滑。生长曲线是经过数据分析以后再加工成连续的曲线，但并不是说，孩子的生长必须要像曲线一样是一个连续的过程，一点都不能浮动。所以，家长要了解，孩子生长只要在一个范围内波动都是正常的。

测量不准确，曲线会有小幅变化

　　此外，给孩子的身长（身高）测量本身就存在差距，比如，测量是特别放松，还是稍微有点紧张；是躺得特别直，还是稍微有点儿扭曲，这些都会影响测量的结果。由于测量会出现不太准确的情况，曲线也会有一个小幅度变化。如果家长观察到孩子的生长曲线整体趋势是在增长的，而且变化幅度在一个范围内就属于正常。

运动量增加，曲线也会有波动

　　孩子生长中的小阶梯还跟孩子生长过程中的一个相对发育阶段有一定关系。比如，孩子1岁之内运动相对较少，1岁半的时候，随着发育的完善，孩子的运动量会突然频繁增加。这时，孩子的生长也会出现一个小小的变化。比如，孩子在运动量突然频繁增加的这几个月，体重增长可能相对缓慢，但长个儿会比平常快一些。这时，家长们一定要结合整体情况来看，体重长得慢而身长（身高）长得快，明显是运动增加后的结果。因为营养不良影响的体重变缓，时间长了必然会影响身长（身高）的增长，即便曲线不变化，也不可能会突然增加。如果说体重下降了，身长（身高）也同时没变，或下降，这就有可能跟营养、吸收、消化有关系；如果说体重最近增长偏缓，但是身长（身高）增长明显增快，则是跟活动量增加有关。

❶崔大夫建议　●**持续观察孩子的生长曲线。**如果孩子的生长曲线在一个范围内波动，整体趋势是在增长的，就属于正常，父母不用干预。

●**结合整体情况观测孩子的生长曲线。**如果孩子的体重增长暂时放缓，身长（身高）增长很快，可能是某个时期运动量增大而出现的情况，属于正常。如果孩子的体重增长放缓，身长（身高）增长也放缓，则说明宝宝的营养吸收出现问题，需要查找原因。

个子比别人高半头，为什么头围却和别人一样？

源源1岁多，个头比隔壁的云云高了半个头，可是，她的头围却跟云云差不多。这让源源妈妈有些担心：她是不是发育不正常啊？会不会影响她的智力发育呢？头围生长该怎么监测呢？

崔大夫观点 **头围的生长与身长和体重没有直接联系**

身长和体重相互联系，可以很好地把两者联系起来监测孩子的生长发育情况。但是，头围跟身长和体重却没有一个必须相互联系的关系。头围有自己的生长趋势和生长轨迹。孩子只要按部就班地按照头围的生长轨迹发展就是正常的，跟身长和体重没有直接关系。

不是头围越大越聪明

现在的很多科学研究表明，头围大小跟智力发展不是相辅相成的。简单地说，不是大头就特聪明，小头就一定笨。最经典的就是爱因斯坦。爱因斯坦的脑容量并不高，有数据说他的脑容积是别人的2/3。也就是说，其实脑的功能与脑容量并不是一一对应的，并不是说多一克就多一分聪明。是不是聪明关键跟孩子后天的学习，还有他本身的遗传因素等息息相关。判断一个人是否聪明不是靠大脑重量来评估，而是靠大脑功能来体现。在大脑功能的体现中，跟智力有关的4部分，分别是动作能力、应物能力、言语能力、应人能力。因此，家长不需要刻意观察头围跟身长、体重的关系，它们之间没有必然联系。

头围不直接反映脑功能，但头围异常肯定说明脑发育有问题

虽然在正常的生长范围情况下，头围不直接反映脑功能，但是头围异常肯定说明脑发育出现问题。比如，狭颅症确实是头围小，患有狭颅症的孩子智力肯定受影响。还有，脑积水的患儿头会特别大，也

会显示出头围异常。但这些都是极端情况，一般情况下，孩子的头围如果在其曲线水平上正常增长，则家长不需要天天为孩子的头围增长是不是跟身长、体重有关系这种问题所困扰。

头围不是增长越多越好

在监测、观察头围曲线的时候，还有一点要特别提醒家长：不要认为孩子的头围增长越多越好。基本上，孩子的头围如果在第25百分位线上一直稳稳地增长或者在第25~30百分位之间增长就好了。千万不要认为从第20百分位一下子增长到第50百分位或者第80百分位是好现象，相反，那样说明宝宝的头围异常，孩子大脑发育一定出现了特别严重的疾病。比如，脑积水患儿的头围就是一次比一次增大一大截，需要引起父母的注意。

⊕ 崔大夫建议　**头围在自己的曲线上稳定增长就正常**

很多时候，由于家长不知道头围所代表的意义，以为头围跟智力发育水平有关，特别紧张，因此在测量头围的时候也会非常紧张。其实，某一次头围的测量数字意义不是特别大。

家长需要关注的是孩子每次测量头围的曲线水平，监测孩子头围生长的速度是迟缓，还是过快。如果孩子的头围增长按部就班，则表示孩子生长发育正常。如果在监测头围时，孩子头围生长速度迟缓或过快，都要及时看医生，那就有可能是我们所说的狭颅症或脑积水。

用了激素会影响身高吗?

　　纤纤第一次听说激素是在两年前，那时表哥正为12岁的儿子身高发愁：父母都是大高个儿，可自己的孩子在班上却是个小尾巴，全家就用不用生长激素争论不休。纤纤第二次认识激素是因为自己3岁的女儿。前段时间女儿哮喘开始发作，气促、胸闷、咳嗽，有时甚至咳得喘不上气来，每次一发作，只能靠吸入激素来缓解。纤纤现在很担心：以前挑选水果，都特意不要大个儿的，担心是激素催熟的，可如今宝宝却吸着激素，这对孩子会有什么影响呢?

+ 崔大夫观点　　发育迟缓需借力生长激素

激素根据化学结构分成4类。**第1类是类固醇，也叫肾上腺激素。**家长们所担心的、日常生活中常提到的，其实就是这类激素，**包含生长激素、性激素。**生长激素可促进四肢骨骼增长，有助于孩子长个儿，而性激素可促进生殖器官的发育成熟，使用不当会导致孩子性早熟。

那么，到底要不要使用生长激素呢？这要看具体的情况。如果孩子属于生长迟缓，生长激素水平真的是偏低，或者再严重点，出现了矮小症，那就需要使用生长激素，来帮助孩子长个儿。使用生长激素可能会导致第二性征过早发育，这也是生长激素最为人熟知的副作用，因此，生长激素在临床上使用很严谨，只有出现病征时才可以使用，比如，当孩子出现矮小症时。因为这个时候长个儿对孩子更为重要，而副作用就不那么明显了。但正常孩子一定不要使用生长激素来助他长个儿。

治疗性的激素不会影响长个儿

治疗用的激素和生长激素完全不同。治疗哮喘大多是使用吸入性糖皮质激素，由于吸入激素与我们常用的全身激素（如强的松、地塞米松等）之间有很大的不同，且孩子每日用量很小，加之吸入后仅有20%左右进入血循环，其可能产生的副作用微乎其微。同样地，治疗湿疹用的激素也跟生长激素完全不同，且用的剂量和吸收率都很少，只对局部皮肤有作用。因此，可以说，在医生的严格指导下使用这些治疗用的激素，是不会抑制孩子生长激素的分泌和骨钙沉积的，因此，也就不会影响到孩子长个儿，家长不用太过担心。

⊕ 崔大夫建议 ● 医生在临床应用生长激素时是非常谨慎的。只有在孩子的人体性器官发育明显滞后时，才会用生长激素或者一些性激素来刺激生长，正常的孩子是不会用到这类激素的。

● 某些蔬菜和水果中可能使用了生长激素和性激素，对孩子的生长发育不利，建议尽量选择有机食品。另外，在烹饪蛋白质、脂肪类食物时尽量使其熟透了，高温加热会使食物的很多结构发生变化，蛋白质会发生变性，激素也会因蛋白质的变性而改变。

● 不要害怕激素，但也不要乱用激素。一般外用和吸入的激素通常用的剂量很少，对孩子的身体影响也很小，而口服和注射类激素则要小心，一定要在医生指导下正确使用。

小心使用，别闪躲

采用激素用药时，不能躲躲闪闪，要按照医生开的量和时间去用，父母不必过于担心。对于生长激素，我们也没必要过度担心，当孩子真的出现生长迟缓或生长激素偏低时，应该及时用药。毕竟，在使用激素时有医生替我们严格把关。

反而是食品中的激素需要父母格外留心。因为它不同于激素用药，无法计量，只能在烹调方式上加以注意，以免孩子把激素吃进去引起性早熟。

相信看了崔大夫的回答，我们对激素会有一个比较全面的了解和理性的认识，而不再闻激素色变了！

激素药会让孩子长胖吗?

　　东东的好朋友佳丽来家里看宝宝，东东问佳丽怎么没把孩子带来，佳丽说："她老是咳嗽，我怕她传染你家宝宝。" 东东问："孩子吃药了吗?"佳丽发愁地说："做雾化治疗呢! 听说雾化的药里有激素，你说孩子不会因为用了激素发胖吧?"

崔大夫观点　**激素≠性激素**

佳丽的误区在于把激素与性激素画了等号，其实激素有好几种类型，作用各不相同，只有类固醇激素（包含生长激素、性激素）才会引起性早熟，并不是所有的激素类药物都可能引起性早熟。

医生在临床应用生长激素时是非常谨慎的，只有在孩子的性器官发育明显滞后时，才会用生长激素或者一些性激素来刺激生长，正常的孩子基本上不会用到这类激素。

激素没有想象的可怕

治疗湿疹的湿疹膏含有激素，做雾化治疗时也会使用激素，但这些药物所含的激素量都很小，完全可以放心使用。实际上，雾化治疗所用的激素比皮肤外抹的激素相对来说更安全，因为吸入的激素不可能完全留在体内，有相当一部分会随着呼吸而呼出来。如果给孩子用了5毫克的地塞米松，真正到达肺里面的可能连0.5毫克都不到，可见呼吸道的激素量是很少的。这些局部使用的激素，根本就不可能出现这位妈妈担心的孩子会发胖的问题。

但是，如果孩子需要口服激素进行治疗，而且剂量比较大，确实有可能会引起发胖。因为用了激素后，新陈代谢加快了，孩子的饭量就会增加，所以会很快胖起来。

崔大夫建议　● **使用雾化治疗时，要注意对孩子口鼻部的保护。** 雾化吸入治疗时，气雾会喷在孩子的脸部和口鼻部，激素经常作用于这个部位，要

比平时皮肤上抹的激素量多得多，这个部位就可能出现问题，比如毛发增多，皮肤变硬。所以做雾化治疗时，要让孩子闭上眼睛，治疗后要给孩子用清水洗脸，并用生理盐水或淡盐水清洗眼睛，以去除附着的激素。

● **要科学使用激素。**一方面是要严格按照医生规定的用量和时间，等病状彻底好转再停药；另一方面是积极查找病因，激素只能对症，而不能对因，只有找到引起疾病的真正问题，才能彻底治愈疾病。

● **口服或注射的激素只要连续使用超过3天，减量时一定要缓慢地进行。**这样可以使细胞代谢慢慢趋于正常水平，等待内脏器官的激素分泌慢慢达到正常水平，这样才是安全的，如果突然减量，会导致孩子体内出现激素水平急剧下降，所有已经开始旺盛代谢的细胞突然失去了刺激，会快速衰竭，这种情况非常危险，严重的甚至会危及生命。

激素没那么可怕

当我们对一件事情没有把握的时候，心里总是会有些忐忑，总是有些排斥和戒备，这是正常的反应。而当这样的东西又可能对孩子的健康造成威胁，那它就更是可怕了，有多远想躲它多远。

可是，如果医生给孩子使用了激素，那么就是孩子的病情需要用，这时，相比较而言，病情对孩子的伤害是一定大于激素的副作用的，"两害相权取其轻"，想明白了这一点，其实父母就不用那么纠结了，况且崔大夫还告诉了大家一些使用激素的注意事项，可以将激素对孩子的影响降到最低。

发现孩子鞋小了、裤子短了，是不是说明他在长个儿？

樱桃妈妈："好久没有给樱桃量身高了，也不知道是不是长高了？"

叮叮妈妈："我们家最简单的办法就是看他的鞋子和裤子。每隔一段时间，我都发现，叮叮的鞋子变小了、裤子变短了，这不就说明了叮叮在长个儿吗？"

樱桃妈妈："这个办法真好，这样观察宝宝的突飞猛长是不是更直观？"

➕**崔大夫观点** **鞋子变小、裤子变短是反映孩子生长的一种媒介，但不是最准确的媒介**

　　首先，家长认为孩子长个儿不明显，是因为家长每天都跟孩子在一起生活，如果不经过测量，家长天天看孩子不会觉察出变化。其次，孩子个头比较小，家长看孩子一般都是俯视，或者孩子躺平了，因此家长观察孩子不会出现视角的变化，而只有发生大的视角变化时，家长才会真的看到一些变化。

　　不仅是鞋子变小、裤子变短，生活中这种让家长发现孩子长个儿了的媒介有很多。比如，有一天家长突然发现，孩子睡的小床不够长了。这些都是媒介的作用，让家长看出孩子的生长变化。但这些媒介都不能准确反映出孩子的生长发育状况。真正能够反映孩子生长发育的最好、最准确的媒介就是生长曲线。

➕**崔大夫建议** **用生长曲线监测宝宝生长**

　　家长喜欢用一些参照物或者媒介来比照宝宝的身长（身高）生长，但是这些媒介不能准确反映宝宝的生长情况。如果要准确、科学地监测宝宝生长，最好的方法就是定期测量宝宝的身长和体重，并画生长曲线。这样能够及时掌握宝宝的生长发育情况，即便宝宝的生长发育出现问题，也能够及时发现，及时调整。

缺乏微量营养素会不会不长个儿?

米米妈妈: "我家宝宝1岁10个月了,我很担心他会缺乏微量元素影响长个儿呀!"

豆豆妈妈: "是呀,豆豆快1岁4个月了,我也担心她缺微量营养素。她夜里睡觉不安稳,老是不停翻身。有时候翻身动作大了,她还会叫唤一声或者哭一下。个子长得也不如同龄的孩子呢!"

➕崔大夫观点　　微量元素只对生长起辅助作用

　　谈到微量营养素，就不可避免地要从宏量营养素讲起。在我们人体的营养需求中，宏量营养素最为重要，宏量营养素一般分为三大类：蛋白质、脂肪和碳水化合物。其他的我们统称为微量营养素，我们人体需要的微量营养素有30多种，但是现在我们实际能检测的也就五六种，包括大家比较熟悉的钙、锌、铁、铜、铅。

　　宏量和微量的区别就是人体对它们需要的量是多少，以及它们占人体组成成分中的量是多少。宏量营养素在人体整个组成中占有相当大的比例，我们对它的需要量很大，它对人体的作用也最大；而微量营养素占的比例很小，人体对它们的需要量也就只是微量。所以，微量营养素虽然有很重要的作用，但它们在人体中的存在既然是微量，所起的作用也只能是辅助作用，而不可能是主要作用。

微量元素测量，小心误差

　　测量之所以会出现误差，并不是说仪器不准，实验员操作不认真，而是其中有不可避免的误差因素。比如从指尖或耳垂取血，采集血液过程中，组织液和血液一同被挤出，造成血液稀释；空气中含有微量营养素，如果采血后没有马上化验，空气中的微量营养素就会沉在血液里；采血的过程中要用碘酒、酒精消毒，它们当中的微量营养素也有可能被一起采到血液当中。这些因素都会影响到检测结果，所以微量营养素的检测数据并不是很准确。如果同时用静脉血和手指血查微量元素，常常出来的结果是不一样的。因此测微量元素，静脉血会相对准确一些。

别轻易补充微量营养素，容易顾此失彼

我们平常关注的钙、铁、锌等微量营养素，几乎都是二价阳离子，它们在胃肠道初步吸收的途径都是一样的。如果给孩子补充了其中的一种，比如补充了钙，就会减少其他微量营养素的吸收。所以家长会发现，给孩子补了钙，过一段时间发现孩子又缺铁了、缺锌了，实际上并不是孩子的食物铁少了、锌少了，而是钙的力量太强了，使铁、锌无法被更好地吸收。

☩ 崔大夫建议
- 如果确实需要进行微量元素检测，最好用静脉血检测。
- 不轻易给孩子补充微量元素。
- 保证孩子营养均衡，给孩子提供尽可能多的食物种类。如果孩子成长过程中得不到全面均衡的营养，摄取的食物不健康、不全面，也会影响微量元素的均衡摄入，影响孩子生长。

后记

2013年，《父母必读》杂志及父母必读养育科学研究院共同推出"推动自然养育人物"的评选，旨在倡导尊重儿童成长的规律，倡导回归健康自然的养育方式。

那一年，一位医生当之无愧地成为了年度人物。入选理由为：坚持不懈地做医学科普宣传，做儿童健康的坚定守护者，让孩子少吃药、少用抗生素，相信自身免疫力，让无数父母减少了对疾病的恐惧……用信念与勇气、实践与坚持，抚慰着这个时代的育儿焦虑，引领自然育儿风尚。

这位医生是崔玉涛。从2002年，在《父母必读》杂志开设"崔玉涛大夫诊室"栏目起，我们便共同致力于一件事情——儿童健康科普传播。一晃14年已过，虽然今天传播的介质不断发生着变化，初心却不曾改变。

继"崔玉涛大夫诊室"栏目10年磨一剑的大成之作《崔玉涛：宝贝健康公开课》后，再度碰撞出新的火花——"崔玉涛谈自然养育"。这套书充分体现着一位优秀儿科医生一贯倡导的理念与思维方式：尊重儿童成长的规律，运用科学+艺术的方式让儿童获得身心的健康。

同时，作为彼此理念高度一致、相互信赖的伙伴，在崔玉涛医生的邀请下，《父母必读》杂志、父母必读养育科学研究院为这套丛书注入了一些儿童心理与社会学视角，希望全角度地帮助家长读懂成长中的孩子。

科学+艺术，生理+心理，自然+个性，有温度有方法，真心希望这套图书能够帮助更多的年轻父母穿越育儿焦虑的困境，回归自然的养育方式，充分享受为人父母的旅程。

特别感谢由覃静、柳佳、严芳等组成的编辑团队对本套图书的付出与贡献。

恽梅

《父母必读》杂志主编

《0~12 个月
宝贝健康从头到脚》

崔玉涛医生的第一本翻译作品

6 步全方位细致解答 0~12 个月婴儿常见健康问题